아빠가 심리학자라 미안해

아빠가 심리학자라 미안해

안정광 (충북대학교 심리학과 교수) 지음

좋은땅

심리학자는
예민하고 까다로운 아이를 어떻게 키울까?

"선생님은 좋으시겠어요.

심리학자면 아이 키우기가 그래도 조금 쉽지 않나요?

아빠가 심리학자면 아이 마음도 잘 알아주고

애가 참 좋을 것 같아요."

아침 출근길에 우연히 만난 사회학과 교수님께서 말씀
하셨다. 정말 그럴까? 아빠가 심리학자면 아이에게 좋을까?

그날 아침도 나는 아이를 어린이집에 데려다주느라 한
바탕 전쟁을 치렀고, 이미 지칠 대로 지쳐 출근 중이었다.
야외 활동을 하는 날인데 굳이 자기 발 크기에도 맞지 않는
커다란 슬리퍼를 신고 간다고 생떼, 분명히 잃어버릴 텐데
아끼는 장난감을 굳이 가져가겠다며 고집, 급한 마음에 서
둘러 엘리베이터에 올라타 나도 모르게 지하 주차장 버튼을
눌렀는데 자기가 눌러야 하는 걸 왜 아빠가 눌렀냐며 울고

불며, 다시 집까지 올라가서 처음부터 다시 해야 한다고 난리…. (오, 프로이트여! 이 시기는 항문기가 맞습니다. 이놈의 언두잉 - undoing: 없던 일로 하기 위해 처음부터 다시 하는 것 - 을 어찌 해야 합니까?) 과연 우리 애는 아빠가 심리학자라 좋을까? 오늘 내가 심리학자로서 아이한테 무엇을 했더라?

한 TV 프로그램에서 노래 잘하기로 유명한 가수가 아이를 키우는 장면을 본 적이 있다. 처음에 든 생각은 '와, 저 집 애는 정말 멋진 자장가를 듣겠다. 매일 라이브로 듣겠지? 얼마나 좋을까?'였다.

사람들은 유명한 셰프가 나오는 프로그램을 보면, '와, 저 집 식구들은 매일 저런 밥 먹을 거 아냐?'라고 부러워한다. 자연스러운 일이다. 그러니 임상심리학자인 나를 보고는 '와! 저 집 애는 아빠한테 공감도 잘 받고 힘든 일이 있으면 상담도 하고 그럴 거 아냐? 좋겠는데?' 하고 생각하는 사람들이 이해가 된다.

그런데 그렇지 않다. 사람들은 집에서까지 '일'하는 것은 싫어하니까. 가수도 집에서는 아이를 꾸짖는 데 자신의 아름다운 목소리를 쓰고, 셰프도 집으로 돌아와서는 요리하고 싶은 마음이 쉽사리 들지 않을 것이다.

그렇다면 심리학자는? 하루 종일 상담하고 돌아와 집에서까지 공감의 스위치를 켜 놓고 끝까지 경청하면서 식구들의 마음을 헤아리기란 어려운 일이다. 그래서 여느 집 아빠처럼 똑같이 아이에게 화내고, 나도 일하고 왔다는 핑계로 독박 육아에 지친 아내를 기쁜 마음으로 육아에서 퇴근시켜 주지도 못한다. 몇 시간 애를 본 후에는 있는 생색이란 생색은 다 내고 그런다.

문제는 이러면 안 된다는 사실을 누구보다도 잘 알고 있다는 데에서 비롯되는 '괴리감'이다.

분명히 교과서에서 다 배웠고, 병원 수련을 거치면서 이런저런 어려움을 겪는 아이들을 많이 만나 보았으며, '아이들에겐 이렇게 해야 해요' 하고 부모 교육도 열심히 했다. 학교에서는 학생들에게 이리 해라 저리 해라 가르치고, 가끔 친구들이 심리학자 친구랍시고 물으면 육아에 대해 조언도 성심성의껏 해 주었다.

이처럼 남에게 훈수는 잘 두는데, 정작 우리 아이, 내 아내에게는 어렵다. 그리고 이를 그 누구보다도 더 괴로워한다. 이런 게 직업병이라면 직업병일까? 아는데도 잘 안 되는 이 고질병!

이 책은 그런 얘기다. 심리학자도 크게 다르지 않다고. 심리학자도 육아는 너무 힘들다고. 똑같이 화내고, 똑같이 괴롭다고. 그런 얘기를 가장 먼저 털어놓고 싶었다. 아이를 어떻게 대해야 하는지 조금 아는 사람도 이렇게 어려운데, 육아라는 인생의 폭풍 속에서 괴로워하고 있을 동지들에게

"괜찮아요. 육아는 원래 힘들고 어려운 거예요"라고 뜨거운 연대의 마음을 전하고 싶었다. 힘들어해도 괜찮다고, '나는 나쁜 부모야. 형편없는 부모야'라는 불필요한 짐을 툭 하고 내려놓을 수 있도록 돕고 싶었다.

또 한편으로는 내가 알고 있는 심리치료 지식을 육아에 적용하면서, 실제 나의 행동이 변해야 죄책감도 줄고 아이와의 관계도 좋아진다는 것을 알았다. 많은 부모가 왜 책이나 유튜브에서 가르쳐 주는 것을 실제 행동으로 옮기기 힘들어하는지도 깨달았다. 이런 배움을 육아 동지들과 나누어 힘든 육아를 조금이라도 더 보람 있고 편하게 만들어 드리고 싶었다.

언제나 내 책의 첫 독자이며, 영원한 육아 동지인 아내에게 고맙다는 말을 해야겠다. 그녀가 없었으면 이 육아 전쟁을 어떻게 치렀을지 도무지 상상조차 되지 않는다. 그리고 지금도 끊임없이 아빠에게 글의 소재를 던져 주고 있는 사랑하는 아이에게 이 책을 바친다.

아빠가 심리학자라 미안해!
너 키우기 힘들다고 소문내서 미안해!

CONTENTS

처음 하는데 어떻게 잘하겠어요!

Part 02

기질

이 아이는 원래 그런 겁니다!

Part 03

개입

교과서 속 행동 치료 기법, 제대로 활용하기

Part 04
___
감정

아이의 감정도 부모의 감정도 똑같이 중요합니다!

Part 01

부모

처음 하는데
어떻게
잘하겠어요!

· · ·

우리는
기술이 부족한 것이지
자격이 부족한 것이 아니다

많은 부모들이 아이를 키우면서 죄책감을 경험한다. 특히 첫아이가 태어나서 얼마 지나지 않았을 때는 애가 감기에 걸리거나 배앓이만 해도 다 내 잘못인 것처럼 느껴진다. 너무 춥게 입혀서 그런 걸까? 이유식을 냉장고에 빨리 넣지 않아서 그런 것 같은데? 정말이지 그냥 생긴 일인데, 과도하게 책임을 느끼고, 죄책감으로 이어지는 것이다. 아마도 이 작고 연약한 생명을 이 세상에 데려온 장본인인 부모가 무한 책임을 져야 한다는 투철한 사명감 때문인 듯하다. 그런데 둘째가 태어나고부터는 달라진다고 얘기하는 부모가 많다. 첫아이 때보다 조금 대충(?) 키워도 아이가 큰 탈 나지 않는다는 것을 경험으로 알기 때문이다.

아이가 말문을 떼고, 부모의 말을 거역(?)하기 시작하는 만 3세쯤이 되면, 이번엔 또 다른 이유로 죄책감을 경험하게 된다. 주로 분노 폭발과 관련된 것이다. '아이에게 또 화를 냈구나', '저 어린 애와 또 싸웠구나', '나는 인격이 덜 된 사람이야'와 같은 혼잣말을 하며 죄책감에 사로잡힌다.

예전에는 잘 먹지 않고, 잘 싸지 않고, 잘 자지 않아 속을 썩였던 아이가, 이제는 어린이집에 빨리 가지 않아서, 번번이 자기 마음대로 하려고 해서, 말도 안 되는 생떼를 써서 부모의 화를 돋운다. 처음에는 좋은 말로 달래도 보고 구슬러도 보지만 결국에는 화가 폭발하고 만다. 아이는 울고불고, 부모는 자신의 미성숙함을 탓한다. 그렇게 점점 더 죄책감의 늪으로 빠져든다.

문제의 원인 찾기

처음 하는 일을 잘하기는 쉽지 않다. 아니 불가능하다. 심지어 육아는 누구에게나 힘든 일이고, 육아를 '잘'하기란 더더욱 어렵다. 부모가 자신의 아이를 사랑하는 마음과는 달리 아이에게 버럭 화를 낼 수밖에 없는 이유는, '기술'이 부족한 탓이지 '인격'이 부족해서가 아니다.

경계선 성격장애에 대한 근거 기반 치료를 창시한 마샤 리네한(Marsha M. Linehan)은 "이 사람들이 정말로 치료 불가능한 변덕스럽고 치명적인 결함이 있는 것이 아니라, 자신의 고통스러운 정서를 적절히 조절할 수 있는 '기술'이 부족한 것이다"라고 주창하였다. 이는 심리학계에서는 굉장히 획기적인 관점이었다. 왜냐하면 대부분의 사람들이 경계선 성격장애라는 고통의 원인이 근본적인 성격 때문이라고 생각했기 때문이다. 심지어 치료자들도 그렇게 여겼다.

이렇듯 어떤 문제의 원인을 기술 부족에서 찾으면, 그 방법을 배우고 연습하면 나아질 수 있다는 믿음이 생긴다. 개선의 동기가 부여되는 것이다. 우리 부모들에게도 관점의 변화가 필요하다. 우리는 기술이 부족한 것이지, 결코 부모로서의 자격이 부족한 것이 아니다.

육아 기술 습득의 5단계

기술을 익히는 데에는 시간이 필요하다. 우선 어떻게 해야 기술을 습득할 수 있는지 알아야 한다. 전문가의 도움을 받는 것이 유리하다. 많은 육아 관련 서적들이 어떻게 하면 아이를 잘 키울 수 있는지 알려 준다. 이 책들을 읽어 보면 '어떻게' 해야 하는지 알 수 있다. 그다음에는 연습해야 한다. 단순한 연습이 아니다. '의식적인 연습(deliberate practice)'이 요구된다.

① 기술을 습득하기 위해 무엇을 해야 하는지 잘 알고 있는 전문가가

② 개인이 조금 어렵게 느낄 수 있는 난이도로 과제를
    제시하면,
③ 연습하는 사람은 구체적인 목표를 세우고,
④ 의식적으로 집중하여 수행해야 한다.
⑤ 그 이후, 전문가의 피드백을 받으면서 자신의 수행을
    정교화하는 과정을 거친다.

이러한 과정을 반복하면 기술이 습득되고 몸에 익어 잘
할 수 있게 된다. 우쿨렐레 학습 과정에 대입해 보자. 기술
습득을 빨리 하기 위해서는 ① 우쿨렐레를 잘 연주할 수 있
는 사람이, ② 학습자가 잘할 수 있는 것보다 조금 어려운
연습곡을 가르쳐 주고, ③ 이 곡의 연주를 정확히 해낸다는
목표하에, ④ 코드 연습이나 스트로크 연습을 신경 써서 해
야 한다. ⑤ 그러고는 지속적으로 피드백을 받으면서 익숙
해진다. 우리는 다른 것을 배울 때는 이렇게 해야 한다는 것
을 너무나 자연스럽게 받아들인다.

육아, 왜 이렇게 어려운 걸까?

그렇지만 육아에서는 부모들이 이토록 당연한 기술 습
득 과정을 생각하지 못하기 십상이다. 왠지 육아를 처음부
터 굉장히 잘해야 한다고 여긴다. 나는 우리 아이를 처음 만
났을 때 행여 안다가 아이가 다칠까 봐 크게 겁을 먹었다.

그러다 산후조리원에서 안는 법과 트림 시키는 법을 '배우고 나서' 조금 나아졌다. 그다음에는 잠을 안 자서, 젖을 먹지 않아서, 뒤집기를 할 때가 되었는데 안 해서 등 새로운 걱정이 이어졌다. 그리고 그때마다 적절하게 대처하지 못한 것 같아 아이에게 미안했다. 당연히 안 배워서 못하는 것인데도 말이다.

대가족 시대에는 육아의 준전문가들이 집에 상주하고 있었다. 한두 명도 아니고 여러 자식을 키워 본 할머니 할아버지가 '이럴 때는 이렇게, 저럴 때는 저렇게 하라'며 가르쳐 주신다. 그 가르침을 반복하면서 조금씩 익숙해진다. 하지만 핵가족 시대에는 가까이서 가르쳐 줄 사람이 없다. 육아 멘토들은 유튜브, 블로그, 인스타그램, TV, 책에 존재할 뿐이다. 게다가 이들의 가르침은 일반적이다. 대가족 시대의 준전문가들은 나의 아이에 딱 맞는 코칭(유전적 유사점이 많기 때문에 상당히 도움이 되었을 것입니다)이 가능한데 말이다.

육아는 항상 실전이다. 연습 따위가 존재하기 힘들다. 그러다 보니 몇 번 해 보지 않았음에도 적용이 잘 안 되면 다급해진다. 원래 무엇에 익숙해지는 과정에는 실수가 따르기 마련인데, 육아는 그 실수의 대가가 유독 더 커 보인다. 육아의 세계에는 날마다 새로운 상황이 펼쳐진다. 익숙해질 만하면 아이는 한 뼘 더 성장하여 다른 과제를 던져 준다. 끝이 없는 숙제! 그래서 육아는 해도 해도 어려운 것처럼 느껴진다.

좋은 부모가 될 자신이 있었는데…

고백하건대 아이가 아내 배 속에 있을 때는 나도 내가 좋은 부모가 될 줄 알았다. 엄청 좋은 아빠가 되고 싶었고, 또 그럴 자신이 있었다. 그러나 아이가 세상에 나오고 나서 절절하게 깨닫게 되었다.

놀랍게도 육아에 대해 아는 것이 너무 없었다. 교과서에서 배운 지식으로는 육아 과정의 빈 곳을 메우기에 역부족이었다. 이것저것 읽으며 정보를 채워 갔다. 그다음에는 아는 것도 행동으로 옮기지 못하는 나를 발견했다. 솔직히 나는 잘할 줄 알았다. 임상심리전문가 수련을 받을 때도 소아청소년 정신과에서 근무했고, 전공도 행동 치료와 관련된 것이라 아이가 문제 행동을 보일 때 이를 잘 적용해서 헤쳐 나갈 수 있을 줄 알았다. 그런데 아니었다.

나도 육아는 처음이었다. 상담실에서 부모 교육을 할 때와는 달리 내 아이의 행동과 반응은 항상 나에게 영향을 주었다. 나를 화나게 하거나, 무기력하게 만들거나, 지치게 했다. 또 아이는 나의 예상과는 다른 행동들을 너무나도 많이 보였다. 그 과정에서 일어나는 다양한 감정을 조절하고 처리하는 것은 어려웠다. 화내고 괴로워하고 죄책감에 시달리는 과정을 반복했다.

결국 나는 내가 아무것도 모른다는 것을 인정해야 했다. 하나씩 배우고 연습하기로 했다. 그래도 다른 사람들보다 유리한 점은 있었다. 큰 원칙에서 부모가 어떻게 하면 되는지를 알고 있고, 아이와의 관계를 바꾸기 위해서는 아이가 아니라 내가 달라져야 한다는 것과, 육아 과정이 부부에게 어떤 영향을 미치는지도 잘 이해하고 있었다. 대학원 수업 시간에 분노 조절과 관련된 내용을 가르치고 나서는 그날 우리 아이에게도 써먹었다. 새로운 치료 방법을 공부하다가 '이건 육아에 써먹을 수 있겠는데?' 하는 생각이 들면 그날 저녁 바로 집에서 활용해 보았다. 그렇게 나는 부모로 조금씩 성장해 갔다.

부모는 이 아이가 처음,
아이는 이 세상이 처음!

아이 역시 인간관계를 맺는 첫 상대가 부모다. 그러니 당연히 어렵고 익숙하지 않다. 아이는 부모가 알고 있는 것을 대부분 모른다. 왜 엄마가 기분이 상했는지, 아빠는 왜 불같이 화를 내는지, 둘 다 왜 내가 하고 싶은 것을 못 하게 하는지 아이는 알지 못한다. 심지어 몇 번을 가르쳐 주어도 잘 모른다. 아이에게도 반복이 필요하기 때문이다. 부모와 마찬가지로 아이도 했던 것을 계속해야 새로운 것을 학습한다. 아직 어려서 반복의 횟수는 훨씬 더 많이 필요하다.

이렇듯 매사에 익숙하지 않은 두 존재가 만나서 하루 중 제일 많은 시간을 함께 보내는 것이 바로 육아다. 힘들지 않으면 오히려 이상한 일이다. 그러니 알아 두자. 육아는 원래 힘든 것이다. 내가 육아를 못하는 것이 아니라 아직 모를 뿐이다. 연습하면 된다. 아이에게 잘못했다면 죄책감에 좌절하지 말고, 무엇이 문제였는지 살피고 고치면 된다.

'육아 기술 습득 5단계'는 특별하지 않다. 세상 모든 기술을 습득하는 방법과 마찬가지다. 그러니 부모로서 지격이 없는 것 같다는 자책을 내려놓도록 하자. 하나씩 배워 나가야겠다고 결심하면, 누구나 어제보다 더 나은 부모가 될 수 있다. 육아는 아이에 대해, 그리고 나에 대해 매일 새로운 것을 알아 가는 길고 긴 과정이다.

육아 훈수

· · ·

오지랖에
현명하게
대처하는 방법

여름이었다. 집 근처 아울렛으로
아내와 아이와 함께 놀러 갔다. 그곳은 분수와 작은 시내 같
은 것이 있어서 여름이면 아이들은 물놀이를 하고 부모들
은 그 틈에 교대로 쇼핑하는 아주 훌륭한 곳이었다. 래시가
드로 멋을 내고 방수 기저귀도 찬 아이는 낮은 물에서 참방
거리며 잘 놀았다. 첫 물놀이나 다름 없어 그 귀여운 모습을
사진에 담느라 우리 부부도 신이 났다.

이제 집으로 돌아갈 시간, 그 당시 아이는 옷만 갖다 대
면 입지 않으려고 발버둥을 쳐 댈 때라, 혼자 힘만으론 옷을
갈아입히기가 매우 힘들었다. 한 사람은 아이를 잡고 다른
한 사람은 옷을 얼른 벗기고 입혀야 했던 때라서, 우리는 아
이를 큰 수건으로 감싼 다음 화장실 앞에서 수영복을 벗겼

다. 가족 화장실이 없어서 둘이 같이 한 화장실에 들어갈 수는 없었다. 아이는 추웠는지 벌벌 떨기 시작했다. 지나가던 분이 한 말씀 하셨다. "아유, 애가 저렇게 추워서 벌벌 떠는데, 왜 밖에서 옷을 갈아입혀. 안에 들어가서 입히지." 일단 우리는 대꾸하지 않고 좀 더 놀겠다며 발버둥치는 애를 붙잡고 옷을 벗기는 데 집중했다. 그분도 결코 물러설 마음이 없으셨다. "안에 들어가서 입혀요. 왜 그렇게 애를 떨게 하고 그래!" 아이 옷 입히는 것만으로도 진이 빠진 나는 결국 참지 못하고 소리를 쳤다. "알아서 합니다! 무슨 참견이세요!"(심리학자라고 분노 조절을 항상 잘하는 것은 아닙니다.) 그분도 당황했는지 황급히 갈 길을 가시고, 나는 씩씩대며 옷을 갈아입혔다.

오지라퍼의 희생양

아이를 키우다 보면 육아 훈수를 두는 이들을 종종 만난다. 특별한 사람들이 훈수를 두는 것은 아니다. 아이가 길 한가운데서 떼를 쓰며 펑펑 우는데 부모가 달래거나 안아 주지 않고 가만히 지켜보고 있거나, 관심을 끊고 혼자 갈 길을 가는 광경을 보면, 누구나 한번쯤 '저 부모는 지금 뭐 하는 거지? 왜 저렇게 하지?' 하고 의아해한 적이 있을 것이다.

오랜만에 아이를 부모님께 맡기고 아내와 단둘이 제부

도로 드라이브를 갔을 때였다. 갯벌이 넓게 펼쳐진 해변을 산책하는데, 조그만 한 아이가 라면 냄비에 힘겹게 물을 따르고 있고, 아이의 엄마는 그것을 위태위태한 표정으로 보고 있었다. 아니나 다를까, 아이는 물병을 놓쳤고 물이 쏟아졌다. "내가 뭐라고 그랬어? 쏟는다고 그랬지! 왜 이렇게 말을 안 들어! 왜 이렇게!" 부모는 큰 소리로 아이를 혼냈고 아이는 잔뜩 움츠러들었다. '아유, 저렇게까지 안 하셔도 될 텐데. 애들이 실수하는 게 당연하지'라고 속으로 말하다 깜짝 놀랐다. 오지랖.

물론 그분의 반응이 과했을 수도 있다. 하지만 그렇게 반응하기까지는 수많은 일들이 있었을 것이다. 아이가 과도하게 행동 통제가 안 된다든지, 아이가 엄마의 도움을 기어코 거절했다든지 등 그 짧은 순간만을 본 사람으로서는 절대 이해할 수 없는 그들만의 역사가 분명히 있었을 것이다.

우리에게 왜 아이가 춥게 옷을 밖에서 갈아입히느냐고 다그쳤던 그분도 우리가 왜 그러고 있었는지, 우리의 역사를 알았다면, 별말 안 하셨을 것이다. 아이를 키울 때는 언제나 우리는 '오지라퍼'들의 희생양이 될 수도 있고, 우리 자신도 쉽게 '오지라퍼'가 될 수 있다. 공공장소에서 눈살을 찌푸리게 되는 행동에 대해서, 아이들을 통제하지 못한다며 함부로 부모(특히 엄마들)를 비하해서는 안 된다. 그분들이 그런 행동을 하게 된 역사를 우리는 알지 못한다.

그들은 알지 못한다,
나와 내 아이의 역사를

많은 사람들이 육아에 훈수를 둔다. 육아의 과정에서 '이렇게 해라', '저렇게 해서는 안 된다' 등을 많이 듣게 되는 이유는 그들이 모두 육아를 해 봤기 때문이다. "내가 해 봐서 아는데, 그렇게 하면 안 돼!"가 나오는 것이다. 그러나 그 사람들도 자기 애만 키워 봤지, 내 아이는 키워 보지 못했다.

아이는 아이마다 너무나도 다르다. 저 아이와 그 부모가 쌓아 올린 역사를 모르면서 함부로 말하면 안 된다. 물론 알아도 말하면 안 되기는 한다. 그 오래 역사를 어떤 날의 짧은 한 장면으로 이해했다고 생각해서는 곤란하다. 그러한 상황에서는 훈수보다는 부모에 대한 무언의 따뜻한 응원이 필요하다. "애가 만만치 않군요. 힘내세요."

문제 하나를 함께 풀어 보자. 추운 날 길을 가고 있는데 3세쯤 되는 아이와 부모가 앞에서 걸어오고 있다. 아이는 날이 추운데도 외투를 입지 않았다. 이때 드는 생각으로 옳지 않은 것은? ① 아니 이 추운 날 부모는 뭐 하는 거야? ② 애가 옷 안 입겠다고 생떼를 부렸나 보네. ③ 옷을 못 입히는 이유가 있겠지. ④ 귀여운 아이네.

굳이 정답을 말해 주지 않아도 이제 답을 알 것이다. 누가 뭐래도, 부모가 아이를 제일 아낀다. 추운 날 '감기나 걸

려라!' 하고 일부러 옷을 얇게 입히는 부모는 없다. 아이가 벌벌 떨고 있다면 가장 안타까울 사람도 부모다. 만약 외투를 입지 않고 씩씩하게 걸어가는 아이가 있다면, 대부분의 경우, 부모가 아무리 애를 썼어도 '아이가 기어이 입지 않았을' 가능성이 가장 크다.

아이랑 덜 싸우기 위하여

우리 아이는 몸에 열이 많다. 태어났을 때부터 잘 때는 항상 머리가 푹 젖어 있을 정도였다. 배앓이를 할까 봐 이불을 덮어 주면 냅다 걷어차 버리고, 찬바람이 스멀스멀 새어 나오는 베란다 문에 붙어 잤다. 심지어 스스로 문을 열 수 있게 된 지금은, 엄마 아빠는 추워 죽겠다고 해도 반드시 베란다 문을 열어 놓고 잔다. 자동차에 탈 때는 꼭 외투를 벗고 카시트에 오른다. 웬만한 추위에는 외투를 벗어 던지고 냅다 뛰어가 엄마 아빠를 당황시키기 일쑤다. (그렇습니다. 만약 추운 겨울에도 옷을 안 입고 당당히 걸어가는 아이를 보신다면, 저희 아이가 맞을 수 있습니다.)

우리 부부는 할 만큼 했다. 옷을 입히려고 애를 쓰고, 달래도 보고, 설득도 해 보고, 윽박도 질러 보고, 혼도 내 보고, 다 했다. 그래도 안 된다. 지금은 그냥 '지가 추우면 입겠지' 한다.

그러고 나니 마음이 한결 편해졌다. 애도 실랑이하는 시간이 줄어드니 기분이 좋아 보인다. 결국 서로가 원원인 셈이다. 그러나 이러다가 꼭 감기에 걸리고, 의사 선생님이 "찬바람 쐬서 그렇습니다"라고 하면 가슴이 미어지기는 한다. 그러고 나면 또 실랑이를 한다. 그래도 결국에는 아이 하고 싶은 대로 둔다. 아이랑 덜 싸우기 위해서라면 감내해야 한다고 생각한다. 이차피 이 아이도 크면 추울 때는 따뜻하게, 더울 때는 시원하게 입을 테니까.

육아 훈수에 현명하게 대처하는 방법

다른 이들의 육아 훈수를 대할 때는 어떻게 하면 좋을까? 정답이 있는 것은 아니지만 최근 나는 이렇게 하고 있다. 늦은 겨울, 아이와 함께 학교 연못을 산책하고 있었다. 아이는 오늘도 외투를 입지 않았다. 춥지 않다고 한다. 몇 번이나 부드럽게 권해 보았지만, 듣지 않았다. 아이는 연못 주변에 있는 돌 사이를 폴짝거리며 신나게 뛰어다니며, 아빠도 뛰어 보라고 무릎이 성치 않은 아비를 괴롭힌다. 그렇게 오랜만에 아이랑 좋은 시간을 보내고 있을 때, 두 분이 나타나셨다. "아유, 추운데 애 옷도 안 입히고." 이 글을 쓰는 지금도 살짝 억울하다. "아빠는 저렇게 털옷을 입었으면서 아이는 티셔츠만 입혔네. 감기 걸리게." 아니 많이 억울하다. (우리 애 키워 보세요!) 그래도 숱한 훈수를 겪으며 나는 강해졌다. 그래서 나는 이렇게 대답했다.

"그러게요. 애가 죽어도 안 입겠다고 하네요."

'그러게요'라는 말은 마법의 언어다. 듣는 사람을 딱히 할 말이 없게 만들어 버리기 때문이다. 그러면서 꽤 공손하게 들리기도 한다. 두 분은 그냥 허허 웃고 지나가셨다. 나도 딱히 기분이 나쁘지 않았다. 하도 많이 들어서 익숙해진 것일 수도 있지만, 대하는 방식이 조금 달라진 이유가 크다.

육아는 참견하기도 쉽고, 훈수를 두고 싶어지는 영역이라는 것을 이제는 받아들였다. 명절 때 큰집에 가면 오랜만에 보는 친척 어른들이 "학교는 잘 다니냐?" "취직은 했고?" "결혼은 언제 할 거야?" 따위를 물어보는 이유는 우리를 괴롭히려는 것이 아니다. 그냥 명절이고, 오랜만에 만나 달리할 말은 없고, 그러니까 대화를 시도한다고 한 말이 저런 질문들로 나온 것뿐이다. 지나가다가 애를 봤고, 애가 추워 보이니까 그냥 툭 이렇게 말씀하는 것 이상도 이하도 아니다. 그러니까 우리도 그냥 툭 대답하면 된다. 그냥 못 들은 척가도 된다. 그런데 경험상 아무 말도 안 하고 가는 것보다는, 한마디라도 뭔가 하면 좀 낫긴 하다. 되도록이면 날 서지 않은 말을 그냥 툭 이렇게, '그러게요'.

부모의 편을 들어주세요!

반대로 육아 훈수가 두고 싶을 때는 가능한 부모의 편을 들어주도록 하자. 부모와 아이 사이에 있었을 힘듦의 역사를 상상해 보자. 잠깐만 떠올려 보아도 아이보다는 저절로 부모의 편을 들고 싶어질 것이다.

바둑이나 장기에서 훈수는 대부분의 사람들이 원하지 않는다. 그 사람을 위해서 하는 것처럼 보여도, 결국 훈수는 자기를 드러내고 싶어서 하는 것. '나는 저 수를 볼 수 있는데 너는 못 보네!' 자랑하고 싶은 것이다.

육아 훈수도 다르지 않다. 아무도 원하지 않는데 훈수를 두는 것은 아이를 위해서인 것처럼 포장되어 있지만, 결국은 본인이 하고 싶어서 하는 것이다.

아무도 원하지 않는 행동이라면, 그것은 바람직하지 않을 확률이 높다. 꿀꺽 삼킬 줄 알아야 한다. 그리고 부모의 편을 열성적으로 드는 것은, 그 무심한 욕구를 더 잘 삼킬 수 있게 해 줄 것이다.

• • •

엄마와 아빠여,
서로 칭찬하고 격려하자!

심리학자에게는 직업병이 있다. 바로 앞에서 훈수 두지 말라고 그토록 말했음에도, 많은 심리학자는 '훈수병'을 앓고 있다. 심리학자들의 연구가 일상생활에 적용할 수 있는 경우가 많다 보니 발병이 잦은 것 같다. 특히 나 같은 임상심리학자들은 우울이나 불안과 같은 심리 상태나 대인관계와 부모 교육 등에 대한 지식을 쌓고, 실제로 내담자들에게 적용해 본 임상 사례도 많으니 할 말이 더 많아진다. 그렇다. 잔소리쟁이가 되어 가는 것이다.

아이를 갖기 전까지는 특별한 문제가 없었다. 대인관계 문제를 해결하는 대부분의 방법이 남을 바꾸는 것이 아니고, 나를 바꾸는 데 있기 때문에 나만 잘하면 됐다. 부부관계에서도 문제가 생기면 해결에 도움이 되는 전략을 내가 먼저 실행해 보고, 아내가 같이 바뀌기를 기다렸다. 친구들이 심리적인 어려움으로 상담을 해 오면, 해당 문제를 시원하게 풀어 줄 용한(?) 선생님을 소개해 주는 것으로 임무를 다하고는 했다. 시간이 흐르면서 친구들도 하나둘 결혼을 하고, 각자 자신의 아이에 대한 상담을 해 왔는데, 이 역시 기존의 부모 교육에서 자주 하던 얘기를 들려주면 됐다.

결국 나의 불안 때문이었을까?

문제는 아이가 생기고 난 후부터 시작됐다. 아무도 원하지 않았는데, 자꾸 뭐라고 훈수를 두고 싶어진 것이다. 어느 정도 거리가 있는 관계가 아니다 보니, 훨씬 더 직접적인 '위기'처럼 느껴졌기 때문인 듯하다. 물론 그 기저에는 '아이가 잘못 크면 어떡하지? 아빠가 심리학자인데?'와 같은 불안도 한몫했을 것이다. 예를 들면 이런 식이었다.

잠자기 전 양치하는 시간, 아이에게 묻는다.

"오늘은 누구랑 이 닦고 싶어?"

아이가 대답한다.

"엄마랑!"

다행이다. 오늘은 엄마가 당첨이다. 아내와 나는 아이 이를 닦일 때 쓰는 멘트가 다르다. 나는 "이 닦아야 해. 지금 아빠랑 닦자", "아빠가 도와줄까? 네가 닦을래?", "아~ 해", "앞니도 닦아야지. 여기 구석도", "와~ 이제 이 잘 닦는구나” 같은 말을 반복한다. 한편 아내는 세균맨 시리즈를 애용한다. "와~ 여기 세균맨 봐", "세균맨이 이렇게 많네", "이렇게 세균맨이 많으면 큰일 나", "우웩~ 더러워", "여기도 세균맨이네", "큰일이야. 세균맨이 사라지지 않아", "빨리 없애야 해. 그러지 않으면 큰병에 걸리는 거야" 등을 반복한다.

흔히 들을 수 있는 대사다. 아무런 문제를 느끼지 못하는 것이 일반적이다. 그런데 나는 이 말을 들을 때마다, '어~ 안 되는데. 저러다가 병균에 대한 과도한 불안을 가진 아이로 클 수 있는데. 불안에 시달리는 아이로 크면 어떡하지?' 등 아직 일어나지 않았고, 거의 일어나지도 않을 걱정에 휩싸인다. 아이가 어렸을 때는 더 심했다.

아내가 잘못한 것일까? 아니다. 세균맨 얘기를 자주 한다고 해도 타고난 불안이 크지 않은 아이들은 아무렇지도 않다. 또 타고난 불안이 큰 아이들은 저런 이야기를 하지 않아도 쉽게 불안해진다. 내가 이 닦이는 멘트 하나에도 예민하게 구는 것은 아마도 병원에서 근무를 할 때 불안을 타고난 아이들을 많이 보았기 때문인 듯하다. 그렇다. 그것은 전적으로 나의 불안이다.

잔소리의 나비효과

아이에게 해 주면 좋은 말들과 그렇지 않은 말들은 있

다. 육아서를 보면 아이에게 해 주면 좋은 말의 종류가 너무 많아서 일일이 기억하기 힘들 정도다. 이럴 때는 대원칙을 이해하고 있으면 쉽다.

① 아이에게는 아이의 마음을 이해해 주고,
② 직접적으로 반복해서 얘기하는 것이 좋다.

이를 닦기 싫어하는 아이에게 "이를 닦지 않으면 충치가 생기고, 이가 아프고, 입에서 냄새가 나면 애들이 싫어하고" 등 구구절절 얘기하기보다는, "이 닦는 것이 힘들고 귀찮지?(마음을 이해해 주고) 그래도 닦아야 하는 거야(해야 할 것을 간단하게 말합니다)" 정도가 좋다. 그렇다면 반복은 얼마나 해야 할까? 강아지를 키우는 것과 똑같다. (아이가 어릴 때는 지능이 똑똑한 강아지 아이큐와 큰 차이도 없습니다.) 알아들을 때까지 반복한다. 아이들은 잘 모른다. 무엇인가를 익히려면 반복이 가장 중요하다. 유아 교육 프로그램 〈텔레토비〉가 아이들에게 엄청난 인기를 끈 것도 똑같은 내용을 두 번 반복하기 때문이다.

이렇게 아이에게 어떤 얘기를 어떻게 해 주면 좋은지를 알고 있다 보니, 자꾸 '잔소리'가 하고 싶어진다. "그렇게 얘기하면 안 돼", "그것보다는 이렇게 하는 것이 좋아", "그렇게 하면 애가 너무 병균에 예민해질 수 있어", "그건 좋지 않아" 같은 식이다.

그런데 훈수는 거의 대부분 좋지 않은 결과를 초래한다. 아내에게 나의 훈수는 명백한 잔소리다. 더구나 남편이 관련 전문가인 탓에 아내는 "내가 알아서 해!" 하고 거부하기도 어렵다. 그러니 육아에 대한 죄책감이 더 커진다. 가뜩이나 아이에게 작은 문제만 보여도 '내가 잘못 키워서 그런 걸까?' 전전긍긍 하고 있는 부모에게 "당신이 하는 말은 틀렸습니다"라고 선고한 격이니 말이다.

상담실에서 조언을 구하는 부모들에게 이렇게 얘기하는 것은 문제가 되지 않는다. 하지만 원하지 않는 사람에게 이렇게 얘기하면, 잔소리일 뿐이다. 그러면 아내의 기분이 안 좋아진다. 게다가 죄책감까지 유발하기 때문에 우울해지기도 한다. 연쇄적으로 아이의 문제 행동을 감당할 수 있는 아내의 그릇이 작아진다. 자기 자신의 기분이 나쁘면, 심리적 에너지가 그 기분을 돌보는 데 쏠리기 때문에 아이의 돌발 행동 등 문제 상황을 해결하거나 견디는 능력이 줄어든다. 그러면 또 아이에게 짜증을 내거나 화를 낼 수도 있다. 이걸 보면 나는 또 잔소리를 하게 된다. 악순환이다.

아이는 부모의 통제를
벗어나서 자랄 수밖에 없다

잔소리병 치료에 약이 된 말이 있다. 같은 육아 동지인 고려대학교 심리학부의 허지원 교수의 한마디였다.

"육아는 취미 같은 거예요. 잘하면 좋고, 못해도 괜찮고."

충격이었다! 육아를 잘 못해도 되는구나? 난 왜 잘해야 한다고 당연하게 생각하고 있었지? 어쩌면 심리학자라는 직업이 알게 모르게 나를 억누르고 있었던 것인지도 모르겠다. 심리학자니까 좋은 아빠가 되어야 한다고, 심리학자니까 좋은 남편이어야 한다고, 심리학자니까 좋은 아들이어야 한다고, 심리학자니까 좋은 친구여야 한다고…. 내담자에게는 "그렇게 살면 너무 힘들지 않은가요? 친한 친구가 그런 생각을 한다면 어떻게 말해 주고 싶으세요?"라고 말하면서, 정작 나에게는, 내 가족에게는 엄격했던 것이다.

내게 열두 명의 건강한 아이를 맡겨 봐 주십시오.
잘 만들어진 나의 특수한 세계 속에서 아이들을 자라게 한다면,
나는 아이를 내가 원하는 어떤 직업으로도,
예컨대 의사, 변호사, 화가, 사기꾼,
심지어 거지나 도둑으로도 키울 수 있습니다.
그 아이의 재능이나 기질, 능력, 인종 따위는 전혀 상관없습니다.

행동주의 심리학을 창시한 존 왓슨(John B. Watson)의 말이다. 그는 후천적 환경이 아이 양육에 절대적인 영향을 끼친다고 생각했다. 그러나 아이들은 왓슨이 말한 것처럼 '잘 만들어진 특수한 세계' 속에서 자라지 않는다. 어린이집에

서도 '잘 만들어진 특수한 세계'를 벗어나는 얘기를 많이 들을 것이고, 좀 더 커서 학교에 다니게 되면 훨씬 더할 것이다. 할아버지 할머니에게도 들을 것이다. 이를 모두 통제한다는 것은 애초에 불가능하다. 어쩌면 문제가 생기지 않게 막는 것보다는, 문제가 생기면 그것이 더 불거지지 않게 조치하는 편이 훨씬 더 현명할 것이다. 아이는 나의 통제를 벗어나서 자랄 수밖에 없다는 것을 받아들여야 한다.

육아에 관한 대화가
다툼으로 번지지 않으려면

가끔 아이가 일찍 잠드는 경우가 있다. 오후 7시도 채 되지 않았는데 꾸벅꾸벅 졸다가 스르륵 잠에 빠진다. 야호! 잠이 드는 시간이 저녁 5시 정도면 8시 정도에 깰까 봐 마음 졸이겠지만, 7시면 아침까지 숙면을 기대해 볼 만하다. 교과서에도 나와 있다. 만 3세 아동의 적정 수면 시간은 13시간이다. 운이 좋으면 내일 오전 8시까지 소중한 자유시간이 주어질 수도 있다.

아내가 아이를 조심조심 눕히고 애를 완전히 재우는 동안, 서둘러 오늘 마실 와인과 간단한 안주를 준비한다. 음주를 그리 즐기지 않던 아내는, 육아 이후 음주 빈도가 꽤 늘었다. 연애할 때는 단 한 번도 듣지 못했던, "오늘은 한잔 하고 싶다"라는 말을 자주 한다. 한 번 마시는 양은 와인

한두 잔 정도지만, '술이 마시고 싶다'라고 얘기하는 것 자체가 놀라운 변화다. 그만큼 육아 과정이 녹록치 않다는 뜻이다.

부부의 대화 시간은 육아에서도 상당히 중요하다. 사실 아이가 어릴 때는 대화가 어렵다. 아내와 무엇인가에 대해 얘기하려고만 해도 아이가 끼어든다. 조용히 하고 있으면 무엇인가 사고를 치고 있을 가능성이 높으니 너무 잠잠하면 가서 살펴야 한다.

생활에 꼭 필요한 간단한 의사소통 이외의 대화는 아이가 잠든 후에 나눌 수밖에 없다. 그러나 아이는 점점 더 취침 시간이 늦어진다. 10시 정도에 아이를 재우고 이야기를 잠시라도 나누고 싶지만 같이 꿈나라로 가는 경우가 많다. 잠깐 눈만 붙인 것 같은데 아침이다.

육아를 시작하면서 늘어난 스트레스에 서로 예민해지는 시기도 지나고 나니, 이제는 아내가 전우같이 느껴진다. 육아라는 전쟁을 함께 치러 나가는 동료. 중요한 것은 함께하고 있다는 것이다. 같이 해야 이 과정이 얼마나 어려운지를 안다. 집에서 육아를 할지 회사에서 돈을 벌어 올지를 선택하라고 한다면, 대부분의 부모가 밖에서 일하는 것을 선택한다는 얘기는 결코 허튼소리가 아니다. 육아 퇴근을 한 이후 전우애를 다지는 시간은 그래서 더욱 소중하다.

와인을 한두 모금 마시고 난 후 분위기가 부드러워지면, 평소에 하고 싶었던 말을 한다. 특히 '교과서에서 말하는 육아 팁'은 배우자가 기분이 괜찮을 때 하는 것이 좋다. 스트레스를 받고 있는 상황에서 듣는 얘기는 지적이나 잔소리밖에 되지 않는다. 그러면 말다툼으로 이어질 가능성이 크다.

아내는 아이가 지시사항을 지키지 않을 때, 몇 번이고 반복해 지적하는 경향이 있어서, 이에 대해 이야기를 나눈다. "아이가 아직 어릴 때는 말을 많이 하는 것이 지시사항을 이행하는 것에 크게 도움이 되지 않아", "아이의 기분이 나쁠 때는 오히려 과도한 말은 자극이 될 뿐이야", "그러고 나면 아이도 엄마도 기분이 나빠지고 결국 원하는 행동이 이어지지 않아", "지시는 짧고 간결하게", "한번 내린 지시는 꼭 이행해야 한다는 것을 몸으로 보여 주자" 등의 내용이다. 또 말로 하는 것은 간단하지만 이를 행동으로 옮기는 것은 생각만큼 쉽지 않다는 것도 충분히 공감해 준다.

우리 부부는 의외로 "너도 잘 안 되는구나?"라는 것을 발견하면 크게 위로받고는 한다. 아이에게 화를 내고 자책하고 힘들어하는 것을 보면 오히려 공감이 된다고나 할까? 나만 어려운 것이 아니라는 것을 발견했을 때의 안도감 같은 것이다. 아내도 나에게 하고 싶었던 얘기를 이때 많이 한다. 아이와 오늘 무엇을 하고 지냈는지, 아이가 어떤 사고를 쳤는지, 이때 아내는 어떻게 대처했는지….

내가 보지 못한 곳에서 아이는 쑥쑥 자란다. 내가 미처 생각지도 못한 순간에 아내도 부모로서 성장한다. 나도 그렇지 않을까? 교과서와 비교하며 매번 힘들어하지만, 나도 예전보다는 조금 나은 아빠가 되지 않았을까?

'칭찬'은 '이해'의 다른 이름

아이는 예전에는 잘하지 못했던 것을 하게 되었을 때 부모로부터 아낌없는 칭찬을 받는다. 그러고 나면 아이의 효능감이 높아져서 많은 것을 스스로 시도하게 된다. 부모도 마찬가지다. 예전에는 잘하지 못했던 육아 관련 사항을 이제는 잘하게 되었을 때, 파트너로부터 아낌없는 칭찬을 받아야 한다. 그래야 좀 더 자신감을 갖고 아이를 대할 수 있다. 칭찬을 받은 행동은 강화된다. 즉 그 행동을 더 자주 하게 된다. 배우자의 육아 태도를 바꾸고 싶다면 칭찬부터 하자. 단순한 지적과 잔소리는 내적 동기를 떨어뜨릴 뿐 행동의 변화를 도모하기 어렵다.

아내는 내가 아이와 열과 성을 다해 놀고 나면 꼭 칭찬을 해 준다. 특히 아내는 아이와 몸으로 놀아 주는 것을 힘들어하는데, 내가 그렇게 놀아 주면 고마워하고 잘했다고 격려해 준다. 그러면 나는 아내를 위해서라도 아이와 더 놀아 주고 싶은 마음이 든다. "칭찬은 이해를 뜻한다"라는 칼릴 지브란(Kahlil Gibran)의 말을 절감한다. 물론 내가 열과 성을 다해 놀아 주면 아이 역시 밝은 표정과 우호적인 태도로 나를 강화해 준다.

나는 아내가 각종 육아서에서 배운 내용을 아이에게 행

할 때 칭찬하려 노력한다. 특히 화를 내는 등의 후회할 만한 행동을 하지 않고 비교적 침착하게 잘 대응할 때 아낌없이 격려한다.

부모가 육아 과정에서 이전과 다른 행동을 한다는 것은 정말 어려운 일이다. 끊임없이 자기 자신을 알아차려야 하고, 성격에 맞지 않는, 자기 본성과는 다른 행동을 시도해야 하기 때문이다. 어려운 일을 해낸 부모는 마땅히 칭찬받아야 한다. 그래야 이전과는 다른 더 나은 육아를 할 수 있다.

육아는 원래 어렵다. 아이가 귀엽게 느껴지는 이유는 그렇지 않았다면 인류가 멸망했을 것이기 때문이다. 아이의 귀여움은 진화의 산물이다. 그래서 아무리 육아가 힘들어도 아이가 가끔 하는 예쁜 짓 때문에 어려움을 잊고 다시 아이를 돌볼 수 있다. 그 어려운 것을 해내고 있다는 그 사실 하나만으로도 칭찬을 받아야 한다.

엄마와 아빠여! 아내와 남편이여! 서로 칭찬하고 격려하자. 잔소리를 칭찬으로 바꾸자! 부모가 연습해야 할 소중한 기술이다.

• • •

아이는
예외 없는 규칙을
더 잘 지킨다

육아 과정에서 제일 어려운 것 중 하나가 규칙을 정하고 이를 그대로 지키는 것이다. 많은 육아서가 규칙과 루틴의 중요성을 얘기하고 이를 지키면 보상하라고 강조한다. 일관된 규칙을 적용함으로써 아이가 익숙하게 만드는 것이다. 자기 전에 항상 책을 본다든지, 간식은 밥을 먹고 난 후에만 먹을 수 있다든지 하는 것들이다.

그런데 아이와 부모의 일상을 잘 살펴보면, 아이가 규칙을 어기는 경우보다 부모가 규칙을 지키지 못하는 때가 더 많다는 것을 알 수 있다. 물론 그 반대라고 생각할 수도 있지만, 단언컨대 규칙을 대하는 태도는 아이보다 부모가 훨씬 더 고무줄 같다.

아이의 인지 과정은 유연하지 않다

아이는 곧이곧대로 한다. 자기 전에 책을 두 권 보기로 했으면, 두 권을 봐야 한다. 아이는 오늘은 늦게까지 놀았으니 자기 전에 책 읽기를 생략할 수 있다는 (부모에게만 꽤나 유리한) '유연함'을 이해하지 못한다.

규칙이 유연하면 더 이상 규칙이 아니다. 그래서 규칙은 함부로 많이 설정해서는 안 된다. 중요한 몇 가지에만 규칙을 적용하는 것이 좋다.

예를 들어, 시곗바늘이 어디쯤 왔을 때는 잠잘 준비를 해야 한다든지(거실 불을 끄는 것을 일종의 신호로 삼아), 잠자기 전에는 꼭 이를 닦고, 화장실을 다녀오고, 읽고 싶은 책 두 권을 골라 온다든지 하는 잠자기 전의 규칙(루틴)부터 시작하는 것이 좋다. 물론 아이가 커 갈수록 칼 같은 규칙은 자신에게 유리한 것에만 적용하려 들기도 한다. (이런 모습을 보면 아이의 인지 발달이 순조롭구나 하고 감사하면 될 일입니다!) 이렇듯 아이와 규칙을 정할 때는 아이들의 특성을 이해해야 한다.

아이에게 유뷰트를 보여 주게 된 사연

우리 아이는 밖에서 식사를 할 때는 유튜브를 본다. (그렇습니다. 심리학자인 아빠도 유튜브 없이는 육아 못 합니다!) 식당에서 흔히 볼 수 있는 광경이다. 아이는 유튜브를 보며 식사를 하고, 그 사이 부모는 한숨 돌리며, 모처럼 음식 맛도 음미하면서 식사를 한다.

아이가 없던 시절이나 아이가 아주 어릴 때는 왜 다들 이렇게 하는지 그 이유를 실감하지 못했다. 아이를 낳고 얼마 지나지 않아, 먼저 아이를 키우고 있던 내 친구는 자랑스럽게 "우리 아이는 밥 먹으면서 유튜브는 보지 않아. 그게 제일 뿌듯한 것 중 하나인 것 같아"라고 내게 말했다. 아이가 열심히 뒤집기를 하고 있던 때라 "그렇지. 밥 먹을 때는 식사의 기쁨을 알 수 있게, 밥에 집중하게 해 주는 것이 좋지"라고 교과서에서나 나올 얘기를 건네고 잘했다고 친구를 격려했다. 그리고 1년 반 정도가 지났다. 나는 그제서야 친구가 아이에게 했던 행동이 아무나 할 수 없는 것이라는 것을 뼈저리게 깨달았다. 역시 교과서대로 하는 것은 쉽지 않다.

처음에는 잘 먹지 않아서 동영상을 보여 주기 시작했다. 〈아기 상어〉나 〈핑크퐁〉 동영상을 볼 때는 엄마가 떠 주는 음식을 곧잘 받아먹으니까, 조금이라도 더 먹이려고 시작했다. 동영상의 해악에 대해서는 많은 매체에서 이야기한다. 그래서 양육자의 죄책감을 높이고는 한다. 아이가 원하면 종종 유튜브를 보여 주고는 했던 어머니는, 심리학자 아들이 얘기할 때는 콧방귀도 뀌지 않으시다가 TV에서 가장 존경하는 유명한 선생님이 '왜 동영상을 보여 주면 안 되는지'에 대해 얘기한 것을 들으시고는 본인이 아이한테 얼마나 잘못했는지를 깨닫고 심지어 우셨다고 했다. (저도 똑같은 말을 했었는데요, 그때는 안 들으셨지요. 그래서 가족을 상담하면 안 되는 겁니다!) 그럼에도 유튜브의 힘을 빌린 이유는, 병원에서 아이가 너무 작다고 어떻게 해서든 먹이라는 말을 들었기 때문이다. 지금 싱거운 음식 따위 줄 때가 아니라나 뭐라나. (이런 말에도 부모는 죄책감을 느낍니다.) 아이가 작은 것이 마치 모두 나의 잘못 같았다. (그러나 실제로 아이가 작은 것은 애석하지만 대부분 유전자 탓입니다. 본인의 노력으로 해결하기 힘든 일이지요.)

아이가 좀 더 큰 다음에는 부모의 정신 건강을 위해서 식사 시간에 유튜브를 보여 주었다. 아이가 조용히 유튜브를 보면, 우리도 사람다운 식사를 할 수 있었다. 물론 안 볼 수 있다면 안 보고 식사를 하는 것이 더 좋겠지만, 어떤 날은, 아이 먹이려고 고군분투하지 않고, 밥이 콧구멍이 아닌 목구멍으로 들어간다는 사실을 알아차리며, 음식 맛도 느끼면서 식사하고 싶을 때가 있다. 그렇게 하루 이틀 하다 보니 너무 편했다. 사람 사는 것 같았다. 그렇게 얼마가 지나고 나니, 우리가 생각해도 아이에게 유튜브를 너무 많이 보여 주고 있었다.

다시 유튜브를 제한하기 시작했다. 아이는 쉽게 수긍하지 않았다. 지극히 정상이다. 밥을 먹을 때는 원래 유튜브를 보는 것이라며, 왜 안 되는지를 이해하지 못했다. 아이는 잘못이 없다. 우리는 말로 정하지는 않았지만, '밥 먹을 때는 유튜브를 볼 수 있다'라는 규칙을 세워 두고 착실히 지키고 있었던 것이다. 갑자기 규칙을 위반한 것은 부모다. 아이는 규칙대로 하려고 했을 뿐이다.

이렇듯 갑자기 규칙을 바꾸는 것은 대부분 부모다. 다만 그것이 규칙이었는지를 자신도 미처 알아차리지 못할 뿐이다. 규칙을 새로 세우고 싶다면, 지금부터는 신경 써서 그 규칙을 일관되게 적용해야 한다. 예외가 생기고 변화가 일어나면 아이는 더 혼란스러워할 것이다. 3세 아이는 아직 예외 사항을 제대로 이해할 수 없는 나이다.

예외는 규칙이 아니다

아내와 함께 이야기를 나누며 다음과 같은 유튜브 시청 규칙을 만들었다.

① 집에서는 안 된다. 집에서까지 보기 시작하면 너무 오래 보려고 한다.

② 외식할 때는 가능하다. 외식할 때도 제한하면 아이가 주변에 너무 피해를 주거나, 부모의 인간다움을 내려놓아야 한다.

③ 카페도 가능하다. 그렇지만 그 외 장소에서는 보지 않는다.

처음에는 당연히 아이의 저항이 거셌다. 유튜브 시청 제한도 걸어 놓으며 보는 것을 차츰차츰 더 어렵게 만들었다.

"네가 너무 많이 봐서 유튜브에서 못 보게 한다"는 거짓 엄포도 섞었다. 대신 몸으로 더 오래 놀아 주고 퍼즐도 같이 더 자주 맞춘다. (실은 이 부분이 어려워서 다들 포기합니다. 모든 결정에는 대가가 따르기 마련인 거 아시죠?). 다행히 며칠 지나자 수긍하기 시작했다. 이 힘든 기간을 버티는 것이 중요하다.

이렇게 결정한 규칙을 일관되게 지키면, 아이도 어느새 그 규칙에 익숙해진다. 익숙해지면 그다음부터는 잘 따른다. 심지어 아이가 먼저 규칙을 얘기할 때도 있다. "여기서는 봐도 되지? 여기서는 보면 안 되는 거지?" 이런 말을 할 때면 놀랍기도 하고 대견하기도 하다. 물론 자기가 유튜브를 보고 싶어서 "엄마 배고파. 식당에서 밥 먹고 싶어, 카페 가자"라고 말할 때도 있다.

아직 어릴 때 아이는 규칙이 정해지면 잘 지킨다. 부모가 일관되게 적용하기 어려워할 뿐. 예외 없이 규칙을 지키는 것은 힘들다. 너무 피곤하면 슬그머니 예외를 허락한다. 그러나 아이에게는 '예외'라는 것이 잘 통하지 않는다는 것을 각오해야 한다.

예외를 허용하면 곧 규칙이 바뀌는 것과 다를 바 없다. 부모는 그날 하루만 허락해 주는 것이라고 힘주어 말하지만, 아이에게는 이제부터는 늘 허용되는 것이나 다름없다. 독일 속담처럼 고리 하나가 끊어지면 전체 고리가 끊어진 것과 마찬가지다.

예외를 설정한 후에는 다시 규칙을 지키게 할 때까지

꽤 긴 시간이 필요하다. 물론 예외를 잘 이해하는 아이들도 있다. 그렇지만 아이들의 뇌는 일관성에 더 잘 반응한다. 유연함이라는 것은 생각보다 훨씬 더 고차원적인 인지 기능이다.

행동에 중점을 둔 규칙 만들기

우리 아이는 자기 전에 두 권의 책을 읽는다. 우리가 정한 규칙은 아니다. 어쩌다 보니, 자연스럽게 두 권 정도 읽으면 "이제 잘까?" 할 때 순순히 불을 끌 뿐이었다. 부모와 아이가 함께 '자연스럽게' 정한 규칙인 셈이다.

그런데 규칙을 명확히 하지 않으면 오해가 생긴다. 자연스러운 것은 좋지만, 서로 생각하는 기준이 다를 수 있기 때문이다. 부모는 '시간'이 더 중요하다. 9시 30분에 자기로 했으면 9시 30분에 자는 것이다. 잘 시간에 임박하여 〈핑크퐁〉 노래를 들으며 춤을 췄다면, 9시 30분에는 책을 읽지 못한다. 이해가 되는 규칙이지만, 아직 시간의 개념을 잘 이해하지 못하는 아이들에게는 이것은 예외의 적용과도 같다.

아이에게는 눈에 보이는 행동이 규칙이다. '자기 전에는 책 두 권'이 중요하다. "이제 늦었으니까 자야 해"라고 말하면 아이는 "책 두 권 읽어야지. 두 권!" 하고 강하게 얘기한다. 이때 부모가 시간을 고집하는 것과 아이가 책 두 권을 고집하는 것이 부딪혀 싸울 수 있다. 싸우면 우리의 신체와 정신에는 각성이 일어난다. 그러면 자는 시간이 더 늦어진다.

따라서 시간을 정해 두고 무슨 일이 있어도 이 시간에는 자는 규칙보다는, 자기 전에 해야 할 일을 일정하게 하는 규칙이 지키기 쉽다. 부모가 루틴을 무리 없이 원하는 시간 내에 할 수 있도록 시간 배분을 잘 하면 되는 것이다. 물론 아이가 커 가면서 시간 개념을 활용하는 것도 도움이 된다. 하지만 미취학 아동의 경우, 행동에 중점을 두는 것이 더 효율적이다.

아이와 규칙을 정할 때는 기존에 '말로 하지 않았지만 이미 아이가 규칙으로 삼고 있는 것'을 먼저 고려하는 것이 좋다. 말이 통하고 글을 이해할 수 있다면 정한 규칙을 글로 써서 벽에 붙여 놓는 것도 효과적이다.

규칙을 '먼저' 깨는 것은 부모일 가능성이 크다. 순간의 욕구에 흔들리지 말고 지키도록 노력하자. 만약 이랬다저랬다 할 수밖에 없다면, 그런 규칙은 정하지 않는 것이 옳다. 자기 전에 해야 하는 루틴부터 정해 보자. 아이와 함께 규칙을 잘 정할 수 있었다면, 아이는 생각 외로 잘 따라올 것이다. 정말이지 부모만 잘 지키면 된다. 아이를 키우면 자기 수양이 절로 되는 이유가 여기에 있다. 지키기 어려운 일을 해야 할 때가 많기 때문이다. 하지만 아이와 함께 나도 성장하는 중이라고 생각한다면, 이 또한 해볼 만하지 않을까 싶다.

육아 스트레스

· · ·

육아에 지친
양육자를 위한
행동 활성화 전략

학교에 임용된 지 얼마 지나지
않았을 때였다. 학생들이 주최하는 대학 간 학술 교류 행사
에 참여했다. 행사는 학생들끼리 연구 발표를 하는 것에서
부터 각 학교 교수의 강의와 초청 강사의 특강을 듣는 시간
도 있었다. 주최 측에서 큰맘을 먹었는지, TV에도 가끔 나오
는 유명한 강사님이 오셔서 이런저런 재미있는 얘기를 들려
주셨다. 그런데 강의 도중 한 대목에서 울컥하고 말았다.

"아이를 어린이집에 맡기고 커피숍에 가서 수다 떠는 것?
스튜~핏!"

친절하게 PPT 슬라이드도 만들어서, 학생 수준에 맞춘

다고 농담도 섞어 가면서 하신 말씀이었을 테지만, 그 말을 들은 순간 더 이상 강의에 집중할 수 없었다. 초청 받아 간 자리에서 "그건 아니죠, 선생님!" 하고 들이받으면 행사를 망치는 것일까? "선생님, 아이 키워 본 적 없으시죠?"라고 말해 볼까? "요즘 세상에 그렇게 말씀하시면 안 됩니다"라고 따져 볼까? 이런저런 생각이 뒤엉킨 채 씩씩거리다 보니 어느덧 강의가 끝났다. 애를 셋 키워 냈다는 그 강사님은, 정작 본인은 애를 제대로 직접 키워 본 적이 없는 것이 분명했다. 어린아이를 하루라도 돌본 적이 있다면, 그런 말을 내뱉기는 힘들 것이다.

어린이집은 모든 부모에게 필요하다

어린이집은 맞벌이 부부에게만 필요한 것이 아니다. 오히려 부모 중 한 사람이 하루 종일 아이를 보는 경우라면 더더욱 아이를 맡길 곳이 필요하다. 아이와 떨어져 있는 시간은 누구에게나 필요하기 때문이다. 요즈음에는 아이를 많이 낳지 않는다. 두 명도 드물다. 하나를 낳거나 아예 낳지 않는다. 그래서 "아이들이 많았던 예전보다 육아가 훨씬 쉬운 것이 아니냐?"라고 할 사람도 있겠지만, 전혀 그렇지 않다. 요즘에는 부모들이 아이의 양육자뿐 아니라 친구, 형이나 누나, 동생 역할까지 해야 한다.

예전에는 형제자매가 있어 자기들끼리도 잘 놀았다. 동

네 친구들도 있었다. "내 동생은 깍두기야"라며 언니 누나 형 오빠가 동생을 데리고 나가서 놀기도 했다. 하지만 요즘은? 키즈 카페에 가서도 아이들은 부모를 찾는다. 물론 아이가 한 해 두 해 성장하면서 자연스레 친구와 어울리는 시간이 늘지만, 유아나 미취학 아이들은 대부분 키즈 카페에서도 부모와 논다.

아이와 놀아 본 분은 아시겠지만, 여간 힘든 일이 아니다. 귀여운 아이를 바로 앞에서 지켜보는 것은 행복한 일이지만, 잘 알지도 못하는 놀이 규칙을 물어 가면서, 아이의 성향과 눈높이에 맞춰 꽤 긴 시간을 놀아 주는 것은 힘든 노동이다.

아이들은 놀이를 통해 성장한다. 의사소통 능력을 포함하여 사회성도 놀이를 통해 발달한다. 그렇기 때문에 전적으로 유튜브나 TV에 맡길 수도 없는 노릇이다. 도움을 빌릴 수는 있지만 한정 없이 의존할 수는 없다.

결국 부모가 같이 놀아 주어야 한다. 물론 그 사이사이에 아이를 배고픔과 위험으로부터 돌보기도 해야 한다. 이는 놀이와는 또 다른 노동이다. 아이 씻기고, 밥 먹이고, 옷 입히고 하는 시간도 굉장하다.

아이와 떨어져 있어야 멘탈 관리가 가능하다

아이와 함께 제주 한 달 살이를 한 적이 있다. 주변 사람들은 대뜸 "좋았겠어요!"라고 말했지만, 정작 한 달 동안 제주에 있었다는 것은 한 달 내내, 하루 24시간 동안 아이와 붙어 있었다는 소리다. 물론 좋은 시간이 많았다. 하지만 그렇지 않은 시간도 너무 많았다. 그나마 버틸 수 있었던 것은 너무나도 아름다운 제주 덕분이었다. 아이의 수발을 들다 들다 잠깐 생긴 짬에 멋진 풍경과 맛난 음식을 먹을 수 있었기에 버텼다고 해도 과언이 아니다.

우리의 일상은 여행이 아니다. 아이와 24시간 붙어 있으면, 부모는 당연히 지치고 힘들다. 지치고 힘들면 심리적인 여유가 없어진다. 그렇게 되면 아이가 별다른 일을 저지른 것도 아닌데, 아이의 행동에 화가 벌컥 나기도 한다. 꼭 후회할 짓들을 아이에게 더 많이 하게 된다. 더 많이 혼내고, 더 많이 화내고, 더 많이 짜증 부린다.

부모의 컨디션이 좋지 않으면 이런 일이 일어나기 십상이다. 신체적인 컨디션이든 심리적인 컨디션이든 마찬가지다. 아이에게 화를 덜 내고 더 편안하고 좋은 시간을 보내려면, 부모 자신의 멘탈 관리가 반드시 필요하다. 멘탈 관리의 많은 부분은 아이가 없을 때 가능하다.

지친 부모에게 꼭 필요한 행동 활성화 전략

멘탈 관리에서 중요한 것은 '잘 노는 것'이다. 아이가 어린이집에 있을 때는 부모도 적극적으로 놀아야 한다. 짬을 내 친구를 만나고, 차를 마시고, 수다를 떨고, 쇼핑을 하고, 운동을 하고, 무언가를 배워야 한다. 이런 시간이 없으면 아이를 결코 잘 돌볼 수 없다. 아니 불가능하다. 즉 아이를 어린이집에 맡기고 커피숍에 후다닥 가야 한다. 스트레스를 관리하는 제일 좋은 방법 중 하나가 다른 사람과 어울리는 것이기 때문이다. 가능하면 내가 좋아하고 믿을 수 있는 사람들과 어울려야 한다. 함께 맛있는 음식을 먹고, 특별하게 색다른 일을 하지 않더라도, 이런 시간을 보내면 심리적 에너지가 차오르고, 지친 심신이 회복된다. 그러면 이 에너지로 아이를 더 잘 볼 수 있다.

여기서 한발 더 나아가 '뿌듯함'을 얻을 수 있는 일을 해보자. 심리학자들은 기분이 좋아지고 보람을 느낄 수 있는 일에 적극적으로 나서는 것을 '행동 활성화'라고 부른다. 행동 활성화는 우울증을 치료하는 검증된 방법이기도 하다. 유튜브를 보는 것이나 넷플릭스를 시청하는 것도 기분이 좋아지고 장기적으로 봤을 때도 큰 폐해가 없다면 괜찮다. 그렇지만 '뿌듯함'이 동반되는 일을 하면 효과가 좀 더 좋다.

나의 행동 활성화 목록 중의 하나는 반신욕을 하면서 보고 싶은 책을 읽는 것이다. 그러고 나면 기분도 한결 좋아지고 책을 읽었다는 뿌듯함도 누릴 수 있다. 우쿨렐레를 연습하는 것도 있다. 좋아하는 노래를 연주할 수 있다는 것만으로도 굉장히 기분이 좋고 이전에는 잘 안 됐던 기술이 슬슬 늘어 간다는 것은 뿌듯한 일이기 때문이다.

사람을 만나서 맛있는 것을 먹는 것도 멘탈 관리에 탁월한 방법이다. 진화심리학의 관점에서 행복을 탐구한《행복의 기원》의 저자 연세대학교 심리학과의 서은국 교수는 "사람은 자신이 좋아하는 사람과 맛있는 것을 먹을 때 행복해지는 방향으로 진화되어 왔다"라고 밝혔다. 기쁨이나 행복 같은 긍정적인 정서가 왜 남게 되었는지에 대한 진화심리학적 설명이다.

사람을 만나는 것은 그래서 중요하다. 양육자가 기분이 좋아야 아이를 볼 때의 힘듦을 버틸 수 있다. 부모가 기분이 좋지 않고 몸이 힘들면, 고된 일과를 버티고 부정적인 감정을 해소하는 데 많은 에너지를 소모할 수밖에 없다. 아이들을 돌보는 데는 100의 에너지가 필요한데, 내게는 고작 20 정도의 에너지밖에 남아 있지 않다면 육아가 잘될 리가 없다. 멘탈 관리가 되지 않으면 화나 짜증이 쉽게 날 수밖에 없다.

아이가 없는 시간에, 아이가 없는 공간에서, 내가 좋아하는 것을 하면서 놀자

잘 놀아야 한다고 해서 반드시 엄청난 시간을 투자해야만 하는 것은 아니다. 육아는 매일의 노동이자 매순간의 노동이기에, 어쩌다 한 번 신나게 놀다 와서 생긴 에너지는 금새 고갈되고 만다. 물론 그렇다고 해서 이렇게 놀지 말라는 말은 아니다.

　다만 가끔 일정을 잡아 놀다 오는 것도 좋지만, '짬짬이 놀기'를 익혀야 한다. 짬짬이 논다는 것은 하루에도 문득, 내게 쉼이 필요하다 생각하면 그냥 툭, 하고 노는 것이다. 좋아하는 음악을 집중해서 몇 곡 듣는다든지, 날이 화창하고 맑은 김에 집 주변을 슬쩍 산책하고 온다든지, 평소에는 잘 사지 않았지만 먹고 싶었던 비싼 간식을 사서 오롯이 즐긴다든지 하는 것이다.

　나는 가끔 집 옥상에 올라가 멍하니 동네를 바라보고는 한다. 최근 이사 온 집은 언덕에 있어서 풍경이 나쁘지 않다. 다른 집 옥상 구경도 하고, 그냥 멍하니 멀리 바라본다. '저기는 아파트가 꽤 많이 올라갔구나', '내가 살던 집은 여전히 잘 있구나', '오늘 빨래 말리기 좋겠네' 등 커피 한 잔 하면서 멍을 때리면 의외로 기분이 좋아진다. 짬짬이 놀이는 그렇게 꽉 막혀 있던 가슴과 스트레스를 은근슬쩍 풀어놓는다.

　아이를 당당하게 어린이집에 맡기고 나를 위한 시간을 마련하자. 그래야 아이를 더 잘 볼 수 있다. 요즘 부쩍 아이에게 화를 많이 내고 있다면, 격하게 놀 때가 된 것이다. 아이 없는 시간에, 아이 없는 공간에서, 내가 좋아하는 것을 하면서 놀아 보자. 아이가 어린이집에서 돌아왔을 때 환하게 웃으며 아이를 맞이하는 자신을 발견하게 될 것이다. 그토록 자신에게 엄격했던 철학자 임마누엘 칸트조차 이렇게 말했다.

의심할 여지가 없을 정도로 순수한 기쁨 중의 하나는 휴식이다.

그러니 놀자. 좀 더 자주 놀자. 짬짬이 놀자.

· · ·

오직 이 순간에만
누릴 수 있는 것에
집중하기

살던 집에 물이 새는 문제가 생겨서 한 달 정도 집을 비워야 했다. '기왕 이렇게 된 거 제주도나 가 보자.' 지인이 제주에 살고 있는데, 가끔 서울 방문을 하느라 집이 빌 때가 있었고, 공사 기간이 마침 그때와 겹쳐 그 집을 빌리는 형태로 제주 한 달 살이가 시작되었다.

제주 한 달 살이는 제주 여행과는 마음가짐이 조금 다르다. 여행을 가면 부지런히 여기저기 돌아다니는 편이라 뭔가 항상 쫓기는 듯한 느낌이 있는데, 한 달 살이는 '오늘 못 가면 다음에 가지' 하는 여유가 생기니 느긋하고 자유로웠다. 늦잠을 자기도 하고, 하루의 시작을 좀 늦추어도 보고, 하나라도 더 보려고 아등바등하는 여행자의 마음 졸임이 조금 줄었다고나 할까? 그리고 관광지를 갈 만큼 간 이후에는 제주의 구석구석을 경험하는 색다른 재미에 푹 빠지게 되었다. 올레길을 걷는다든지, 동네 오름을 슬슬 올라갔다 온다든지, 살고 있는 동네에 단골집이 생긴다든지 하는, 예전에는 미처 몰랐던 즐거움이었다.

제주 한 달 살이의 첫 테마는 '독립 서점 기행'이었다. 놀러 간 동네에 서점이 있으면 무조건 들렀다. 책 구경도 하고, 서점 구경도 하고, 여기에 내 책도 있었으면 좋겠다고 바라기도 하고, 서점을 찾은 사람들 구경도 하는 식이다. 어느덧 취향에 맞는 단골 서점이 생기기도 했다. 작은 서점의 매력에 그렇게 빠져들었다. 책방지기의 취향에 따라 선별된 책을 내가 다시 또 선택하는 맛이 있었다. 베스트셀러나 어디에서나 구할 수 있는 책보다는, 여기 아니면 만나지 못했을 귀한 '인연'이 있는 책을 손에 집게 되었다. 소길리의 섬타임즈, 평대리의 달책빵, 구좌읍의 소심한 책방이 나의 최애 책방이다. 아내는 함덕에 있는 만춘서점, 성산에 있는 책방무사를 좋아한다. 근처에 갈 일이 있으면, 꼭 그냥 스윽 한번 들르고는 한다. 나올 때는 책 한 권씩 손에 쥐고서….

두 번째 테마는 해장국집 탐방이었다. 제주도는 은근 해장국으로 유명하다. 국밥을 워낙 좋아하는 나에게는 최고의 장소였다. 제주도의 유명한 해장국은 주로 선짓국과 내장탕 종류다. 유명한 집에 가서 "음, 역시 이 집 맛있군" 하는 재미도 좋고, 올레길을 걷다가 우연히 발견한 동네 해장국이 또 엄청 맛집이라 신나기도 했다. 새벽 수산시장에 갔다가 사람들이 줄을 선 것을 보고 들어간 집이 또 역시 맛집이라 흐뭇하기도 했다. 정보가 넘쳐나는 세상에서, 우연이 만들어 준 인연을 경험하는 것은 특별한 재미였다.

새별오름에 언제 오를 수 있을까?

우리 제줏집(제주 살이를 하고 보니 숙소라고 하는 것보다 집이라는 표현이 더 와닿았습니다)은 새별오름 근처에 있었다. 집을 나와 도로에 차를 올리면 멀지 않은 곳에 노오란 새별오름이 항상 복스럽게 보였다. 노오란 새별오름인 이유는 겨울에 갔기 때문이다. 여름에 가면 눈이 시릴 정도로 초록이 아름다운 언덕을 볼 수 있다. 새별오름은 지나가다 차에서 봐도 멋졌다. 어린 시절 도화지에 그려 넣은 동네 동산처럼, 정말 딱 그렇게 둥글게 생겼다. 오르기 전 바라만 봐도 저 위에 오르면 어떤 풍경이 펼쳐질까 하는 상상에 벌써부터 마음이 설레기도 했다. "와 저기 좋다. 이번 한 달 살이 동안 가 보자"라고 제줏집에 도착하자마자 몇 번이나 말했었다. 아이가 있어서 어려운 길은 못 가겠지만, 새별오름은 길도 그리 험하지 않다 들어 언제든 오를 만해 보였다. 특히 해가 질 무렵에 노을과 함께 있는 오름이 너무 멋있었다.

그런데 웬걸, 한 달 살이 내내 단 한 번도 가지 못했다. 여기저기 돌아다닐 때마다 눈에 보이니 언제든지 갈 수 있을 것이라 생각해서일까? 다른 곳에 갔다 온 후 새별오름

앞을 지날 때마다 '다음에 가야지, 다음에 가야지, 다음에 가야지' 하면서 한 달이 훌쩍 지나간 것이다. 아침에 일어나서, 오늘이야말로 새별오름을 오르리라 마음먹으면 날씨가 꾸물꾸물 좋지 않았다. 바다까지 훤히 보이는 새별오름의 풍경을 즐기고 싶었기에 "날씨가 좋은 날 가면 어때? 그러면 바닷가부터 한라산까지 전부 다 보일 거야. 아이가 힘들어하면 내가 꼭 안고 올라갈게"라고 하며 기회를 다음으로 미뤘다.

그런데 제주도의 겨울 날씨는 좋은 날을 만나기가 어렵다는 것을 뒤늦게 알게 되었다. 실제로 제주에 머물렀던 기간에 날씨가 화창한 날은 며칠 되지 않았다. 눈부시게 맑은 날은 한 사흘 정도 됐을까, 나머지는 금방이라도 눈이 올 것 같은 날씨였다. 실제로 눈도 엄청 많이 왔다. 그렇게 하루 이틀 시간이 지났다. "오늘 갈까?" 하다가도, "내일 저녁 해 질 때쯤 가면 너무 멋있을 거야" 하며 미뤘다.

결국 새별오름은 오르지 못했다. 그렇다. 완벽한 타이밍을 재다가 결국 오르지 못한 것이다. 동서고금을 막론하고 이런 행동에 대한 격언은 항상 있지 않은가. "우물쭈물하다가 내 이럴 줄 알았다"는 버나드 쇼의 묘비명부터, '카르페 디엠', '아끼면 똥 된다'까지. 좋은 기회를 노리기만 하다가 그냥 이렇게 지나가 버린….

부모와 아이의 관계는 절대적으로
같이 지낸 시간에 영향을 받는다

문득 새별오름과 아이가 비슷하다는 생각이 들었다. 더 좋은 타이밍을 기다리다가 결국 기회를 놓치고 만다. 많은 부모들이 '우리 집이 생기면…', '이번에 승진만 하면…', '이번 프로젝트만 끝나면…', '경제적으로 여유가 좀 생기면…' 등의 완벽한 타이밍을 기약하며 아이와의 좋은 시간을 뒤로 미룬다. 아이와 행복한 시간을 보내려고 일을 하는데, 그 일 때문에 힘들어서 아이와 놀아 주지 못한다. 주말에라도 아이와 신나게 놀면 좋으련만 피곤하다.

아이와의 관계는 같이 지낸 시간에 절대적으로 영향을 받는다. 우리 집의 경우 더 많이 혼내고 야단치는 것은 엄마이고, 아빠는 웬만하면 아이의 요구를 들어주고 혼내지 않는데도, 아이는 엄마를 훨씬 더 좋아한다. 같이 지낸 시간을 이기기 어렵기 때문이다.

생활이 좀 나아지고 이제 아이랑 친하게 지내 볼까 하면, 아이는 이미 너무 커 버려서 엄마 아빠를 어릴 때만큼 찾지 않는다. 친구와 노는 것이 훨씬 더 좋은 나이가 되고 만 것이다.

아이가 어릴 때는 특히 그 순간에만 누릴 수 있는 장면이 있다. 처음 물건을 잡고 일어나서 한 걸음씩 옆으로 걷는 것은 그때 아니면 다시는 보지 못한다. 부모가 얼굴만 불쑥

들이밀기만 해도 꺄르륵 웃는 것을 보는 것도 잠깐이다. 아이가 "아빠 게임 같이 해", "이것 좀 깨 줘"라며 부탁하는 것도 순간이다.

그럼에도 우리는 그 순간을 오롯이 즐기지 못한다. 좀 더 괜찮은 시간을 기다린다. 순전히 내 입장에서 괜찮은 시간이다. 그리고 의외로 그런 시간은 쉽게 찾아오지 않는다.

최고의 타이밍은
하고 싶은 바로 그 순간

새별오름 사태(?)를 경험하고 다시 제주도에 갔던 여름이었다. 이때는 다르게 행동했다. 굉장히 즉흥적이었는데, 아침에 "오늘 여기 갈까?", "오늘은 이걸 해 볼까?"라고 생각이 들면 바로 실행에 옮겼다.

그 순간에 하고 싶은 것을 바로 행동으로 옮기는 것! 이전에는 그렇게 해 본 적이 없었다. 바로 그 첫 시작이 새별오름을 오르는 것이었다. 제주에 도착한 바로 그날 외쳤다. "가자, 새별오름으로!" 도착하자마자 오름을 올라가려니 피곤할 것 같다는 생각도 들었지만, 이번에 안 가면 다시는 못 갈 것 같은 그런 느낌 때문이었다. 비가 오락가락했지만 맞을 만할 것 같았다.

날씨 탓인지 새별오름 주차장은 텅 비어 있었다. "오히려 좋아. 저 멋진 것이 우리만을 위해 오롯이 존재하잖아?"

라는 긍정적인 마인드로 차에서 내렸다. 우산을 쓰고 오름을 향해 발을 옮겼다. 다행히 비는 거세지지 않았고 금방 잦아들었다. 거짓말같이 날이 개기 시작했다. 아이는 그새 많이 컸는지 아빠 엄마에게 한 번도 안아 달라는 말을 하지 않고 씩씩하게 올랐다. 주변 풍경이 기가 막혔다. 숨이 조금 차오르긴 했지만 굉장히 기분이 좋았다. 마침내 새별오름 위에 우뚝 섰다.

세상에. 새별오름에서 바다가 보였다. 해가 나기 시작하면서 하얀 구름은 그 자체로 훌륭한 구경거리였고, 바람이 시원하게 불어 왔다. 아이도 신나서 웬일로 멋진 포즈로 사진도 찍혀 주었다. (아이는 사진 찍는 것을 그닥 좋아하지 않거든요). 엄마 아빠 사진도 찍어 준다. 기분이 무척이나 좋다. "인생 뭐 있나? 이런 게 행복이지"라는 말이 절로 나왔다. 날씨가 애매하다고 이번에도 다음으로 미뤘으면 절대 경험하지 못했을 장면이다.

새별오름에서 내려오니 해도 지고 해서 우리는 바로 집으로 돌아왔다. 오늘 정말 큰일을 해낸 것 같았다. 기분이 좋아서 이 여행에서는 하고 싶은 것이 생기면 바로바로 해보기로 마음을 굳게 먹었다. 더 좋은 타이밍을 기다리지 않고, 지금 이 순간! 그 어떤 여행보다 만족감이 높았다. 최고의 타이밍은 하고 싶은 바로 그 순간이었던 것이다.

마음챙김 육아

새별오름을 오르고 난 후, 아이를 대하는 태도에도 변화가 생겼다. 아이와 지금 뭔가를 하고 싶다는 생각이 들면, 바로바로 하려고 노력했다. 야근을 하다가 '오늘은 아이와 놀고 싶은데?' 생각이 들면, 빨리 정리하고 집에 가서 아이와 놀았다. 집 옥상에서 같이 멍 때리고 싶다는 생각이 들면, 그냥 바로 캠핑 의자만 탁 놓고 같이 수다를 떨었다. (어린이집에서 배운 파리지옥과 벌레잡이통풀에 관한 얘기였습니다. 너무 좋았습니다. 아이가 아빠에게 말을 걸 때도 그 시간을 조금 더 즐겨 보려고 했습니다.) 순간에 집중했다고나 할까? 이런 기회는 다시 오지 않을 수도 있고, 더 좋은 타이밍이 없을 수도 있다는 것을 깨달았기 때문이다.

> 시간이 언제나 당신을 기다리고 있다고 생각하지 말라.
> 게을리 걸어도 결국 목적지에 도달할 날이 올 것이라는
> 생각은 잘못이다.
> — 괴테, 《파우스트》 중에서

심리학에서는 지금 여기, 현재에 집중하는 것을 '마음챙김(mindfulness)'이라고 부른다. 지금 나에게서 일어나는 것이 무엇인지를 알아차리고 온전히 경험하는 것을 의미한다. 아이와의 시간에도 마음챙김이 필요하다. 아이와 놀면서 '이

따 해야 할 일'에 대해서 생각하거나, '아이가 빨리 잤으면 좋겠다'고 생각하는 것은 마음이 다른 곳에 가 있는 것이다. 이러면 솔직히 괴롭다. 내가 하고 싶다고 생각하는 것이 현재 일어나는 일이 아니기 때문이다. 그러다가 나중에 '그때 잘 놀아 주었어야 했는데', '아이에게 좀 더 잘할걸'이라고 후회한다. 이것도 괴롭다. 마음이 과거에 남아 있는 것이기 때문이다.

그러니까 아이가 나를 원할 때, 그 순간에 집중해서 마음챙김의 자세로 시간을 보내자. 오직 이 순간만 누릴 수 있는 행복을 오롯이 누리면서…. (아이와 함께 여러분만의 새별오름을 어서 오를 수 있기를 간절히 기원합니다!)

기꺼이 경험하기

· · ·

아이의 생떼에
굴복하지
않는 법

최악의 내 모습을 감당할 수 없다면,

최상일 때의 나를 만날 자격도 없다.

그 유명한 배우 마릴린 먼로의 명언이다. 심리학자로서
좋아하지 않을 수 없는 말이라 수업 시간에 학생들에게도
종종 소개한다.

"나를 가지려면 내 최악의 부분도 같이 감당하라!"

얼마나 멋진 말인가? 마릴린 먼로가 말해서 더 멋지게
들리지만, 그 누구에게나 해당되는 명언 중의 명언이다.

한 사람이 다른 사람을 좋아할 때는 그 사람이 '그럼에
도 불구하고' 좋아한다. 마음에 들지 않는 부분이 있어도,
성격의 어떤 면은 부담스럽게 느껴져도, 그 사람의 좋은 면

이 단점을 상쇄하고 남기 때문에 좋아하는 것이다. 제일 친한 친구를 떠올려 보자. 그 친구는 좋은 면만 있을까? 아닐 것이다. 그 친구에게는 쩨쩨하고 고약하면서 나약한 모습도 있을 것이다. 그런데 왜 나는 그 친구와 가장 친할까? '그럼에도 불구하고' 그 친구가 좋기 때문이다.

불안이 잦아든 계기

나는 사람들의 평가에 신경을 곤두세우고 사는 사람이다. 지금도 그렇다. 다른 사람들이 나를 싫어할까 봐 신경을 쓰고, 내가 별로 좋아하지 않는 사람에게도 좋은 평가를 받기 위해 애쓴다. 그러다 보니 엄청 힘들다. 에너지 소모가 많다. 실제로 가능한 일이 아니라는 것을 잘 알면서도 어쩔 수 없다. 학창 시절 내내 이런 주제로 고민했던 것 같다.

그래도 좀 나아지게 된 계기가 있다. 대학원 시절 친한 후배와 같이 살았는데, 아무리 친하더라도 같이 지내다 보니 사소한 버릇 등으로 부딪히는 일이 종종 생겼다. 어느 날 맥주를 한 잔씩 하면서 얘기하던 때였다. 후배가 그랬다.

"형, 나는 형이 부족한 부분이 있어서 너무 좋아."

이게 무슨 말인가. 사람이 결점이 있는데도 좋아할 수 있다고? 심지어 그래서 좋다고? 충격이었다. 그 뒤의 말은 정확히 기억나지 않지만, 모자라고 결핍된 부분이 있어서 더 매력적으로 느낀다는 내용이었던 것 같다. 나는 한 번도 그런 일이 가능할 것이라고는 생각하지 않았는데, 그래서 항상 다른 사람들에게 (내가 생각한) 최선의 모습을 보이려고 노력해 왔는데, 다른 사람이 날 조금이라도 안 좋게 봤다면 그것 때문에 몹시 괴로웠는데, 아니 오히려 그런 면 때문에 내가 좋다니…. "정말? 고맙다" 뭐 이렇게 말하고 말았는데, 후배의 말이 오랫동안 마음에 남았다.

그러고서는 알게 됐다. 나도 싫어하는 사람이 있는데, 당연히 나를 싫어하는 사람도 있겠지. 누가 나를 싫어한다는 것은 유쾌한 일은 아니지만, 어쩔 수 없이 받아들여야 하는 일이겠구나. 사람은 누구에게나 좋은 점과 나쁜 점이 있는데, 총점으로 보았을 때 그래도 좋은 점이 많으면 되는 것이 아닌가? 그 총점도 사람마다 다를 테니, 내가 중요하게 생각하는 사람이 나를 결국 좋게 보면 되는 것 아닌가?

생각할수록 이것은 유리한 게임이 아닐 수 없었다. 나한테 호감이 있는 사람들은 웬만한 나의 행동을 좋게 볼 테니까. 남는 장사였다. 그 이후로 마음이 한결 편해진 것 같다.

마릴린 먼로처럼 인간관계 맺기

내 전공은 '사회불안'이다. 부정적인 평가를 받을까 봐 괴로워하고 이로 인해 사회적 관계를 피하는 분들을 상담하고 치료한다. 상담을 할 때면 이런 말씀을 많이 드린다. 당신이 갖고 있는 불안에 취약한 모습, 사회적 관계에서 심하게 긴장하는 모습에도 불구하고 당신의 친구들은 당신을 좋아합니다. 다른 사람들이 내 단점을 알아차릴까 봐 전전긍긍하지만, 그 단점은 다른 사람들에게는 사소할 수도 있습니다. 그러니 '나라는 사람과 관계를 맺으려면 이 정도 단점은 감수해야지!'라고 당당하게 얘기했던 마릴린 먼로처럼 인간관계를 맺으시라고….

"그건 마릴린 먼로니까 가능한 말이죠!"라고 하는 내담자들도 있었다. 그러면 나는 더 자신있게 말했다.

"○○○ 씨를 좋아하는 사람은 마릴린 먼로보다 ○○○ 씨를 더 좋아합니다. 그건 ○○○ 씨가 단점이 없어서가 아니라, 단점이 있음에도 불구하고 좋아하는 거예요."

아이들도 그렇다. 우리 아이는 자기중심적이고, 참을성이 없으며 불안정하다. 실수도 많고, 때로는 통제하기 어려울 정도로 심하게 울고 떼를 쓴다. '그럼에도 불구하고' 우리 아이는 정말 사랑스럽다. 우리 아이의 최악의 모습을 감당해야만 천진난만한 웃음, 아빠한테는 정말 가끔 해 주는 뽀뽀, 잘 때 살짝 벌린 입, 너무나 보드라운 발바닥, 잘 먹어서 통통한 배를 누릴 수 있다.

육아는 대부분의 시간이 힘들고 아주 잠깐 너무 좋다. 그래도 그 무엇과도 바꿀 수 없는 이 소중한 시간을 누리기 위해서는 힘든 시간을 감당해야만 한다.

'안 돼'라는 말은 신중하게

오늘 아이는 늦은 오후에 잠이 들었다. 2시간 정도 아빠 엄마에게 자유시간을 준 후 아이는 기분이 굉장히 나쁜 채로 깼다. 이런 것에는 특별한 이유가 없다. 그냥 각성 수준이 애매한 상태로 일어나서 기분이 안 좋은 것이다. 그리고 갑자기 햄버거를 먹어야 한다며 대성통곡을 한다. 늦은 시간에 햄버거를 먹으러 나가기 힘들었던 우리 부부는 "안 된다"고 방침을 정했다. 아이는 당연히 엄청 떼를 쓰고, 악을 쓰면서 운다.

지금부터는 아이의 저 상태를 '감당해야 하는' 시간이다. 만약 지금 햄버거를 사러 나간다면 아이의 떼는 강화될 것이고, 비슷한 상황에서 이 행동은 반복해 일어날 것이다. 물론 햄버거를 먹으러 나갈 수도 있다. 햄버거를 먹여도 괜찮다고 생각이 든다면, 대신 아이의 생떼가 지나치게 커지기 전에 바로 결정하고 실행하는 편이 낫다. 그래야 생떼가 강화되지 않기 때문이다.

아이의 요구를 듣게 되는 그 처음의 판단이 중요하다. 습관적으로 '안 된다'고 해서는 안 되는 이유가 여기에 있다. 쉽지만은 않다. '원하지 않는 반응에는 강화를 주지 말고, 원하는 반응에만 강화를 주는' 행동주의 전략은 원칙은 간단하지만, 그 적용은 만만치 않다. 실험실의 쥐가 인간에게 미치는 영향력은 크지 않지만, 아이는 엄청난 영향력을 행사하기 때문이다.

아이가 울고 떼쓰는 것을 차분히 듣고 있기란 너무 힘들다. 부모도 화가 나고 울컥하게 된다. 바로 이 지점을 잘 지나야 한다. 우리 아이가 너무 사랑스러우니 이런 어려움도 '기꺼이 경험한다'는 태도가 요구되는 것이다.

기꺼이 경험하기

'기꺼이 경험하기'란 마음챙김을 활용하는 심리 치료에서 비롯한 개념이다. 지금 일어나는 그 어떤 것도 말 그대로 '기꺼이' 받아들이겠다는 적극적인 수용과 관련이 있다.

기꺼이 경험하기를 연습할 때, 나는 정좌 명상을 추천한다. 양반다리를 하고 앉아서 호흡을 하다 보면 다리가 엄청 저린다. 다리를 펴고 싶고, 코에 침을 발라 어서 빨리 이 저림이 멈추기를 바란다. 이때 기꺼이 경험하기를 활용하면 신기한 일이 일어난다. '아, 이 다리 저림이 빨리 끝났으면 좋겠다'에서 '저리는 것을 기꺼이 경험해 볼까? 다리 저림이 어떤 과정으로 얼마나 지속되는지 한번 관찰해 보지 뭐' 하는 식으로 마음가짐만 바꿔도, 저림은 있되 고통은 줄어드는 신기한 경험을 할 수 있다.

기꺼이 경험한다는 것은 그런 것이다. 상황은 바뀌지 않지만, 이를 받아들이는 마음을 살짝 바꿈으로써 괴로움이 줄어드는 것이다. 엄청나게 힘든 것처럼 느껴질 수도 있지만, 연습하면 그 놀라운 변화를 경험할 수 있다.

견디기 힘든 시간이 지나고 나면

견디기 힘든 시간이 지나가고 아이는 무리한 요구를 철회하고 안아 달라고 말한다. 이것은 충분히 들어줄 수 있다. 아이가 보이는 화해의 제스처는 받아들이는 것이 좋다. 그리고 서로 회복하는 시간을 갖는다. 교과서에 나올 법한 대화로 조금 미화하자면 다음과 같다.

> 엄마: 아까 네가 너무 소리를 지르고 떼를 써서 힘들었어.
> 화도 났어. 너는 어땠어?
> 아이: 엄마가 아무런 말도 하지 않고 가만히 있어서 화가 났어.
> 아무리 화가 났어도 말은 해 줬으면 좋겠어.

좋은 마무리다. 중간에 아빠로서 어떻게 해야 하나 안절부절못하기는 했지만 나 또한 잘 참았다. 부부는 잠깐 틈을 내 서로에게 '잘했다'고 칭찬한다. 부부가 한편이 되어 서로 위로하는 것, 매우 중요하다. 우리의 상대는 부부가 편을 먹고 싸워도 쉽게 이기기 어려우니 말이다.

아이가 좋아하는 올리브 오일 파스타를 만든다. 아빠는 듬뿍 넣은 새우를 먹기를 바랐지만, 짭짤한 소스가 마음에 들었는지 연신 양념만 퍼 먹는다. 오물오물 호로록 하는 그 모습이 마냥 귀엽다. 호탕하게 웃을 때 작아지는 눈이 예쁘다. 오늘 우리 부부는 아이의 최악의 모습을 잘 다뤘기 때문에 아이의 이런 예쁨을 누릴 자격이 있다. 그렇다. 우리 아이는 마릴린 먼로급이다!

"안 선생님, 편한 육아가 하고 싶어요!"

1. 우리는 육아 기술이 부족한 것이지 나쁜 부모가 아닙니다. 육아를 잘하기 위해서는 기술을 익혀야 합니다.

2. 누가 뭐래도 부모가 아이를 제일 아낍니다. 오지랖보다는 부모를 응원해 주세요. 다른 사람의 오지랖 훈수에는 "그러게요"라고 말해 보세요.

3. 아이에게 지시는 간단하게 한두 번만, 배우자에게는 칭찬의 형태로 원하는 바를 전달해 보세요.

4. 아이와 규칙을 정해서 실행할 때는 가능한 예외를 두지 마세요. 예외를 두기 시작하면 아이는 규칙을 잘 지키지 못합니다.

5. 부모가 자기 자신을 먼저 잘 챙겨야 아이를 잘 돌볼 수 있습니다. 아이와 함께 있지 않은 시간에는 자신을 위해 놀아 보세요.

6. 아이와 함께 있을 때는 마음챙김이 필요합니다. 오직 그 순간에만 누릴 수 있는 행복을 누려 보세요.

7. "안 돼"라는 말은 정말로 안 될 때만 하세요. 아이가 떼를 쓰는 등의 힘든 시간은 '기꺼이 경험하는' 자세를 가져 보세요.

코호트 검사

"우리 아이 코호트 검사를 신청해 볼까?"

아내가 말했다. 오, 코호트. 심리통계 시간에 배운 장기 종단 연구!

우리 아이가 참가하게 된 어린이 환경 보전 출생 코호트는 태아 환경부터 출생 이후 성장까지 유해 환경오염 물질이 어떤 영향을 미치는지 확인하기 위해 장기 추적 관찰을 하는 연구다. 정부에서 주도하여 아이에 관한 정보를 수집하는 것이다. 대신 부모에게는 아이의 운동 발달이나 인지 발달이 잘 이루어지고 있는지를 검사해 주고 그 결과를 무료로 제공해 준다. 전공자이니만큼 어떤 검사를 시행하는지 궁금했는데, 아주 제대로 된 검사들을 시행하여 괜찮겠다 생각했다. 임상심리학자 아빠는 이런 곳에서 또 도움이 된다.

심리학자 아빠로서 코호트 검사에 참여하는 것은 재미있는 경험이다. 어떻게 시행하고 채점하고 해석하는지를 모두 아는 검사이기 때문이다. 심지어 몇몇 검사는 대학원에서 직접 가르치기도 한다. 임상심리전문가가 되기 위해 병원에서 수련받을 때부터 엄청 오랫

동안 해 왔던 검사를 이제 내 아이가 받는다니! 우리 아이가 어떻게 받을지 궁금하기도 했다.

대면 검사를 받으러 가기 전, 부모가 해야 하는 검사들을 해 봤다. '오 이런 건 사회성을 묻는 것일 테고, 저런 것은 언어 발달일 테고, 또 이건 인지 발달인가?' 이렇게 속으로 중얼거리면서 하나하나 답을 했다. 주 양육자가 해야 해서 아내가 한 것도 있지만 헷갈리는 것은 같이 확인하고 적어 넣었다.

의외로 긴장되는 경험이었다. '우리 아이의 발달은 어떨까?' 매일 관찰하기 때문에 어떤 수준인지 짐작은 하지만, 객관적인 수치를 확인하는 것은 아무래도 떨리는 일이었다. 적어도 또래 평균 수준은 되기를 바라는 마음…. 심리학자도 다르지 않다.

드디어 임상심리사 선생님과 아이의 발달 검사를 진행하는 날이었다. 두근거리는 마음으로 검사 장소로 갔다. 키와 몸무게를 재고, 발달 사항에 대한 간단한 문진을 했다. 그리고 심리검사실로 들어가 드디어 검사를 진행했다. 아이가 아직 어릴 때라 부모가 함께 들어갈 수 있었다. 하지만 조금만 더 나이가 들면 아이 혼자 해야 하기 때문에 검사 장면을 지켜볼 수 없다. 아이는 조금 낯설어했지만 이내 적응하여 검사를 받는 듯했다.

그런데 아이가 이내 집중을 하지 못하고, 쉽게 주의가 흩어졌다. '그러고 보니 저것은 집에서 한 번도 안 보여 준 것 같은데? 요즘에도 저런 것을 쓰나?' 검사 자극이 타당한지에 대해서 자꾸 확인하게 된다. 우리 아이는 타들어가는 아비의 마음을 아는지 모르는지 검사에서 관심이 떠난 지 오래다. 충분히 풀 수 있는 문제인 것 같은데 (집에서 몇 번이나 하는 것을 보았는데) 풀지 못한다. 선생님이 다음 검사로 넘어가자 나도 모르게 한마디 끼어들었다.

"얘가 집에서는 잘하는데 여기서 그러네요."

"네, 아버님. 그런 것 다 고려하여 평가 중입니다."

선생님께서 상냥하게 말씀하셨다.

얼마나 웃기던지. 저 대사는 병원에서 아이들 검사할 때 부모님들과 내가 나눈 대사 그대로였다. 그때는 아이가 낯선 상황에서 얼마나 문제 해결을 잘 할 수 있는지도 평가하는 것이나 마찬가지기 때문에 너무나도 당연하다는 식으로, 친절하지만 사무적으로 말씀드렸다. 그런데 그 대사를 내가 듣다니. 그리고 그동안 보았던 그 많은 부모님들의 말씀과 토씨 하나 틀리지 않고 내가 똑같이 말하다니. 순간 부모님들의 마음에 공감이 됐다.

그렇게 우리 아이는 아빠의 마음은 아는지 모르는지 신나게 장난을 치면서 검사를 마무리했다. 검사 결과는 다행히 큰 문제가 없었다.

부모가 돼서 더 잘 알게 된 것들이 있다. 부모는 항상 아이가 잘 크고 있다는 것을 확인하고 싶어 한다. 이런저런 실수도 많았지만 그래도 아이를 큰 틀에서는 잘 키우고 있다는 확신 같은 것을 받고 싶다. 아이가 큰 문제가 없고 조금 잘하는 면이 있다면 동네방네 자랑하고 싶은 팔불출 같은 마음까지⋯. 직접 경험해 보니 더 크게 느껴지고 더 잘 이해된다.

우리 아이는 몇 번 더 이런 검사를 받을 것이다. 바라는 것이 있다면 그저 큰 문제만 없었으면 좋겠다는 것. 그저 건강하게만 자랐으면 좋겠다. 그리고 이 마음을 계속 유지하도록 애써야겠다.

이 아이는
원래
그런 겁니다!

순한 아이, 까다로운 아이, 느린 아이

· · ·

생각보다
많은 부분이
타고난다!

내가 가장 좋아하는 영화는 〈겨울왕국〉이다. 〈겨울왕국〉 1편은 열 번을 기점으로 더 이상 몇 번을 보았는지 세지 않았다. 지금도 비행기를 타거나 하게 될 때 플레이 리스트에서 〈겨울왕국〉의 포스터를 발견하게 되면, 나는 주저 없이 시작 버튼을 누른다.

사실 내게 〈겨울왕국〉은 눈물 버튼이다. 요즘에도 주제가 〈Let it go(렛잇고)〉를 들으면 눈물이 왈칵 쏟아진다. 얼마 전에도 아이와 〈겨울왕국〉을 보다가 엘사가 눈 덮인 산을 오르는 그 장면에서부터 울고 말았다. 아내가 "또? 정말 또?" 하고 어이도 없고 믿을 수도 없다는 듯 혀를 찼다.

도대체 왜 〈겨울왕국〉만 틀면 수도꼭지처럼 눈물이 흐르는 걸까? 왜 〈Let it go〉만 들으면 울먹이는 걸까? 내 어딘가를 건드리는 것이 분명하다.

내버려 둬, 제발! 내버려 둬, 제발!

〈겨울왕국〉이 우리에게 말하고자 하는 메시지는 여러 가지겠지만, 심리학자 아빠인 나는 '아이의 타고난 기질을 거스르게 하는 것은 안 된다'는 것이 주된 교훈 중의 하나라고 믿는다.

엘사와 안나가 사는 왕국 아렌델은 어쩌다 얼음으로 뒤덮였을까? 답부터 말하자면, 엘사의 부모가 아이에게 "너의 힘을 감추고 숨기고 느끼지도 말고 살아야만 한다"라고 가르쳤기 때문이다. 엘사는 원래 자신의 힘(기질)을 비교적 잘 다스리며 지내고 있었다. 그러던 어느 날 평소처럼 안나와 장난을 치다가 안나를 다치게 했고, 그 이후에 부모는 그런 일이 또 벌어질까 걱정하며 어린 엘사에게 자신의 기질을 숨기고 "절대로 드러내서는 안 된다"라고 훈계했다.

기질을 드러내지 말고 살라니, 감추고 숨기라니, 이것은 사자로 태어난 아이에게 사슴처럼 살라는 말과 같고, 두 눈이 있는 아이에게 한쪽 눈은 절대로 뜨면 안 된다고 요구하는 것과 같다. 결국 엘사는 자신의 힘을 '나쁜 것'이라 여기게 되고, 이를 감추는 데 온 신경을 쏟는다. 그토록 친하던 안나가 "같이 눈사람 만들래?" 하고 물어도 "저리 가 안나" 하고 외면할 수밖에 없다.

엘사는 자신은 왜 이렇게 태어났는지 하루 종일 울면서 자책한다. 반면 아버지는 엘사가 힘을 더 잘 감출 수 있도록 장갑을 선물한다. 대관식 때 엘사는 장갑을 벗고 식을 진행해 보려 연습하지만, 여전히 자신의 손이 닿는 것은 얼음으로 변하고 만다. (여기서 한 가지 의미심장한 사실은 엘사가 자신의 힘을 '나쁜 것'이라고 생각하기 전에는 자신의 힘을 통제하는 데 이토록 어려워하지 않았다는 점입니다. 즉 기질대로 살게 했을 때는 큰 문제가 없었던 것이죠.)

대관식 날 안나에게서 처음 본 남자와 결혼하고 싶다는 얘기를 듣고 화가 난 엘사는 자신의 그 '나쁜 힘'을 사람들에게 들키고 만다. 그토록 감추려고 노력했는데 모든 것이 수포로 돌아간 그 순간, 엘사는 사랑하는 왕국을 얼려 버리고 북쪽 산으로 숨어 들어간다. 그리고 노래가 흐른다.

Let it go, Let it go

Can't hold it back anymore

Let it go, Let it go

Turn away and slam the door

내버려 둬, 내버려 둬

더 이상 숨길 수 없어

내버려 둬, 내버려 둬

돌아서서 문을 닫아 버릴 거야

기질이 이끄는 대로

　시간이 흐르고 북쪽 산에서 얼음성도 짓고 마음 편히 마법을 쓰며 살고 있던 엘사에게 안나가 찾아온다. (그렇습니다. 엘사는 자신의 기질을 거스르지 않고 살고 있었습니다.) 언니가 아렌델을 얼려 놓았으니 이제 돌려놓으라 말한다. 엘사는 처음에는 "그렇게 할 수 없다"고 답하며, 사랑하는 동생을 문전박대한다. 자기 같은 사람은 이 세상에 받아들여질 수 없다고 생각했기 때문이다. 엘사를 괴물이라 생각하는 사람들(엘사의 기질을 이해하지 못하는 사람들)이 엘사를 잡으러 온다. 엘사는 자신의 마법을 활용하여 이들에게 저항한다. 그동안 자신의 기질을 다루는 다양한 기술을 연마한 것이다. 그러나 결국 잡히게 된다.

　엘사는 영화 마지막에 결국 자신이 마법을 사용하는 사람이라도(자신의 기질이 이러함에도 불구하고) 여전히 안나가 자신을 제일 사랑한다는 사실을 알게 된다. 그리고 엘사는 드디어 아렌델을 원상태로 되돌려 놓는다. 자신의 기질을 자연스레 드러내도 괜찮다는 확신을 얻은 동시에 이를 세상에 어울리는 방식으로 활용할 수 있게 된 것이다.

　〈겨울왕국〉은 이렇게 다루기 힘든 자신의 기질을 잘 조절하고 활용하게 되는 한 사람의 성장기다. 그렇다. 삶이란, 심리학적으로는, 자신의 타고난 기질을 다스리며 세상과 어울려 가는 과정이라고 해석할 수도 있을 듯하다.

〈겨울왕국〉 1편이 자신의 기질을 잘 다스릴 수 있게 되는 과정을 그린 것이라면, 2편은 결국 자신의 기질대로 살아 가게 되는 과정을 그린 것이라 할 수 있다. (디즈니판 〈나는 자연인이다〉라고 하면 비약일까요?) 소중한 사람들과 잘 살게 된 엘사는 어느 날 자신을 부르는 듯한 소리를 듣게 되고, 결국 그 소리가 이끄는 대로 향하게 된다. 여기서도 기질을 거스르는 것이 얼마나 어려운지 알 수 있다. 자신의 힘이 결국 엄마에게서 온 것을 알게 되고(1편에서 어머니는 아버지와 달리 "너의 힘을 감추고 숨기고 느끼지 말고 살아야 한다"라는 말을 한 적이 없는데, 이는 2편의 스포일러인 셈이지요), 아렌델은 안나에게 맡기고 기질이 이끄는 삶을 선택하게 된다. 2편에서 엘사가 좀 더 아름답게 보이고 행복해 보이는 것은 단지 그래픽이 더 나아졌기 때문만은 아니다.

순한 아이, 까다로운 아이, 느린 아이

기질이란 한 사람이 타고나는 특성이다. 즉 유전의 영향을 받는 생물학적인 기초가 있으며, 인생 전반에 걸쳐 꾸준하게 나타나는 성향을 말한다. 쉽게 변하지는 않는다.

미국의 아동학자 알렉산더 토머스(Alexander Thomas)와 스텔라 체스(Stella Chess)는 아이들이 활동성, 규칙성, 접근/회피, 주의력, 지속성, 기분, 적응력, 예민함, 반응 강도 등에서 차이가 난다고 생각하였다. 그래서 이 조합에 따라 크게 아이들을 순한 기질, 까다로운 기질, 느린 기질로 분류하였다.

순한 아이들은 일상생활이 규칙적이고 크게 스트레스가 없고, 새로운 상황에도 잘 적응한다. 기분이 좋을 때가 많고 달래기도 어렵지 않다. 반면 까다로운 아이들은 새로운 환경에 적응하는 것도 힘들고, 새로운 자극에 부정적인 정서 반응을 보인다. 반응의 강도도 센 편이다. 기분이 안 좋을 때도 잦다. 일상생활 행동도 규칙적이지 않아 예측이 어렵다. 어릴 때는 일정한 시간에 먹고 싸지 않고, 자던 시간에 자지 않으려 한다. 키우기 까다롭다. 한편 느린 아이들은 새로운 상황에 적응하는 데 시간이 오래 걸린다. 시간을 충분히 주면 순한 아이들처럼 잘 적응하지만, 처음에는 오히려 까다로운 아이들처럼 보인다. 원래 표현대로 더딘 아이 (slow-to-warm-up children), 즉 시간이 필요한 아이들이다.

그들의 연구에 따르면, 40퍼센트 정도는 순한 기질이고, 10퍼센트는 까다로운 기질, 15퍼센트는 느린 기질에 속했다. 나머지 35퍼센트는 세 가지 기질로 나누기 어려운 아이들이다. 각각의 기질이 적당히 섞여 있다. 단순한 구분이지만 확실히 이해는 쉽다. 우리가 종종 쓰거나 듣게 되는 "애가 참 순해"라는 표현과도 관계가 있다.

생각보다 많은 부분이 타고나는 것

아동의 기질을 연구한 메리 로스바트(Mary Rothbart)와 존 베이츠(John Bates)는 노력이 필요한 통제력(주의 통제, 억제력, 지각적 예민성, 낮은 강도의 즐거움을 느끼는 능력), 부정적인 정서성(좌절 인내력, 두려움, 불편감, 슬픔, 회복력), 외향성(활동 수준, 낮은 수줍음, 높은 강도의 즐거움을 느끼는 능력, 얼마나 자주 웃는가, 충동성, 긍정적 예상, 친밀성)의 3가지 기준에 따라 기질을 나누었다.

조금 복잡하지만, 여기서 이야기하고 싶은 것은 생각보다 많은 성향과 특징이 기질에 속한다는 것이다. 즉 아이들의 특징 중 많은 부분이 어느 정도 타고난다. 아이가 집중을 잘하는지, 겁이 많은지, 자주 웃는지, 작은 자극에도 기분이 안 좋아지는지, 기분이 안 좋았다가도 얼마나 빨리 회복하는지, 재밌다고 생각하는 일에 얼마나 흥분하는지, 하던 일을 방해받았을 때 얼마나 힘들어하는지가 타고나는 것에서 자유롭지 못하다.

그래서 심리학자들은 종종 우스갯소리로 "다 필요 없어. 어차피 타고나는 거야"라고 자조 섞인 이야기를 나누기도 한다. 부모가 꼭 알았으면 하는 것이 이것이다. 생각보다 많은 부분이 타고나며, 이는 바꾸거나 억누르기 어렵다. 엘사가 자신의 능력을 숨기기 어려웠듯이 말이다. 반대로 많은 부모들이 아이가 '할 수 없는 것'을 '할 수 있는데도 하지 않는 것'으로 착각하는 것도 이 때문이다. 엘사는 얼음 마법은 잘 써도 불꽃 마법은 부릴 줄 모른다.

부모와 아이의
기질 케미스트리가 잘 맞지 않으면

부모와 아이의 기질 케미스트리가 잘 맞지 않으면 육아의 난이도가 급상승한다. 기질 케미스트리라고 하는 것은 아이의 타고난 기질과 부모 기질의 궁합을 일컫는다.

예를 들어, 부모는 소음을 싫어하고 정적인 편인데, 아이의 기질이 자극을 추구하고 위험 회피 성향이 낮고 심지어 활동 수준까지 높다면, 둘 사이의 궁합은 매우 좋지 않다. 아이 입장에서는 크게 부산하지 않은 행동도 부모가 보기에는 어지럽고 충동적으로 느낄 수 있다. 반대로 조용하게 지내는 것은 아이에게는 부모가 그렇게 하는 것보다 몇 배는 더 힘든 행동이다.

부모가 깔끔한 편이고 아이가 좀 지저분한 것도 마찬가지다. 부모가 자신의 주변을 청결하게 유지하는 데 필요한 에너지와 아이가 자신의 주변을 깨끗하게 하는 데 드는 에너지는 큰 차이가 날 수 있다. 아이는 훨씬 더 많은 에너지를 쏟아야 깨끗함을 유지할 수 있는 것이다. 반대로 아이가 더러운(?) 환경을 견디는 능력은 부모의 능력보다 탁월할 수 있다. 따라서 부모 눈에는 더럽게 보이는 그 방도, 아이의 입장에서는 정리가 잘된 것처럼 느껴질 수 있다.

'얘가 왜 이러지?'에서
'얘니까 이러는구나!'로

우리 아이는 아침에 각성 수준이 많이 떨어지고, 저녁에 각성 수준이 올라가는 편이다. 그래서 아침에는 대체로 기분이 좋지 않다. 귀여운 짓과 애교는 밤에 잘 때 제일 많이 보인다.

아이의 각성 수준 패턴은 나와 비슷하다. 나는 예전부터 아침잠이 많았고, 아침에 일어나자마자 무엇이든 먹기 힘들어하고, 아침에 깨어났을 때 기분이 별로 좋지 않을 때가 많았다. 대신 밤에는 에너지에 차 있고 쌩쌩하다. 반면에 아내는 저녁이 되면 기운이 뚝 떨어진다. 그래서 아이가 밤에 자지 않고 뛰어다니면서 장난 걸고 웃고 떠들면 내가 힘들어하는 것보다 몇 배는 더 피곤해한다. 짜증도 많이 낸다. 피곤하면 그 회복에 에너지가 소모되기 때문에 짜증이 쉽게 날 수밖에 없다.

그렇지만 아내는 자고 일어나면 쌩쌩하다. 물론 아이는 그렇지 않다. 아이는 깨우면 짜증부터 낸다. 아내는 아이가 왜 이러는지 이해하지 못한다. 그러면 또 부딪히고 만다.

나는 아이의 그 기분을 너무나 잘 이해한다. 아침에는 건드리는 것도 싫다. 그래서 아침에는 가능한 아이 위주로 맞춰 주고, 각성 수준이 서서히 올라올 때까지 기다린다. 짜증을 내면 그러려니 한다. 나도 그러니까. 그러다 보면 딱 알

맞은 정도로 각성이 되고, 어느 순간 한결 편하게 아침을 시작할 수 있다.

이렇게 부모 중 하나라도 아이의 기질과 유사하다면 상황이 조금 낫다. 배우자에게 아이가 도대체 왜 이러는지 설명해 주면 그나마 이해가 쉽기 때문이다.

아이의 기질을 이해하면 아이의 여러 행동을 받아들일 수 있다. "얘가 왜 이러지?"에서 "얘니까 이러는구나!"로 나아갈 수 있는 것이다.

아이가 아이만의 마법을 잘 쓸 수 있게, 그리하여 결국에는 자신의 마법을 잘 다스리면서 살 수 있도록 도와주면 어떨까? 그래야 아렌델이 얼음으로 뒤덮이지 않는다.

· · ·

내가 잘못 키워서
그런 건 아닐까?

다른 사람과 함께 사는 것은 쉽지 않다. 나에게는 당연한 일이 타인에게는 당황스러울 수 있다는 것, 그 다름을 인정하기란 말처럼 쉽지 않다.

지금도 굉장히 친하게 지내는 한 친구는 참 많은 것이 나와 달랐다. 친구는 샤워를 하고 얼굴에 아무 것도 바르지 않았다. 세수하고 나면 얼굴이 땅기지 않나? 허옇게 일어나지 않나? 왜 바르지 않지? 건성 피부인 나로서는 좀처럼 이해가 되지 않았다. 친구가 귀찮아서 바르지 않는다고만 생각했다. 그래서 어느 해인가 생일 선물로 올인원 로션을 사 주었지만, 화장품은 결국 구석에서 먼지만 쌓이다가 휴지통에 처박혔다. 어느 날 물었다. "내가 사 준 화장품 왜 안 썼어?"라고. "나는 얼굴이 안 땅기거든. 오히려 번들거려서 힘들어. 사실 나 그거 바르고 얼굴이 다 뒤집어져서 도저히 바를 수가 없었어." 쉽게 말해 나는 건성 피부였지만, 그 친구는 지성 피부였던 것이다. 본인이 원하지 않는 것을 사 주고 왜 사용하지 않는지 섭섭해했으니, 혼자 북 치고 장구 치고 한 격이다.

나의 장인어른은 안동 분이시다. 그럼에도 간고등어는 절대로 드시지 않는다. 이유는 '너무 비리다'는 것이다. 젓갈 류도 드시지 않아서 장모님과 티격태격하실 때가 많다. 장모님은 김치를 담글 때 젓갈을 조금 넣어야 맛이 난다 하시고, 장인어른은 일절 못 넣게 하신다.

장모님께서는 본인이 보기에는 다소 유별난 장인어른의 식습관을 사위에게 흉보기도 하셨다. 적당히 맞장구를 쳐 드리면서 끝에 한마디 붙였다. "장모님, 세상에는 타고나기를, 고등어 비린내를 더 잘 맡는 코와 혀를 가진 사람들이 제법 있더라고요. 장인어른이 그런 것 같아요"라고. 장모님께서는 "그래? 이런 사람들이 더러 있다고?" 하기는 했지만, 완전히 납득하지는 못하는 눈치셨다. 본인이 경험하지 못하면 이해하기 어려운 법이다.

까다로운 아이를 둔 부모의 걱정과 고민

아이들이 좀처럼 이해하지 못할 행동이나 태도를 보이는 것도 부모와 다르게 타고났기 때문일 수 있다. 아이가 아직 발달 과정이기에, 즉 미숙함도 영향을 미치지만, 기질의 차이가 한몫을 단단히 한다.

까다로운 아이들은 다른 유형의 아이들에 비해 육아 난이도가 상대적으로 높은 편이다. 신체 리듬이 불규칙해서 수면 시간, 식사 시간, 배설 시간도 변덕스럽다. 특히 밤에도 자주 깨어 울고 보채는 경우가 많아 부모도 통잠을 자기 어렵다. 성장하면서 수면은 점차 나아지지만, 감정 표현 방식은 그 변화가 더디다. 까다로운 아이들은 환경 변화에 민감하여 쉽게 적응하지 못하고 기분이 안 좋을 때가 많으며 감정 반응도 강렬하고 센 편이다.

까다로운 아이의 부모들은 아이가 무엇을 요구할 때, 이를 그냥 넘기기가 무척 어렵다. 아이가 자신의 요구를 굉장히 강하게 표현하기 때문이다. 까다로운 아이들은 소리를 지르거나 심하게 떼를 쓰고 울부짖는다. 부모는 당연히 아이가 부드러운 어조로 조용히 차분하게 얘기할 때보다 이렇게 성화를 부릴 때 관심을 더 줄 수밖에 없고, 이러한 패턴이 몇 번 반복되면 결국 아이의 행동은 강화된다.

부모는 아이가 심하게 떼를 쓰는 것이 마치 자신의 육아 방법에 문제가 있기 때문인 것처럼 여기기 쉽다. 많은 부모가 내가 잘못 키워서 내 아이가 이렇게 됐다고 생각한다. 하지만 이것은 사실이 아니다. 까다로운 아이들은 원래 그런 기질을 갖고 태어났을 확률이 높다. 게다가 아직 너무 어려 성질을 적절하게 통제하는 방법을 모른다. 까다로운 기질의 아이들도 성장하면서 자신의 기질을 적절하게 다루는 법을 배우게 된다. 절대로 평생 이런 식으로 행동하지는 않는다.

부정적인 상호작용과 비일관된 양육

부모가 아이의 기질을 잘 이해하지 못하거나, 아이의 까다로움을 알고 있더라도 부정적인 감정 표출 등을 감내하지 못하면, 육아에 문제가 생길 수도 있다. 까다로운 아이를 둔 부모들은 아이의 버릇을 고쳐 놓는다는 명목하에 너무 강압적으로 훈육하거나 벌을 주는 경향을 보이고는 한다. 혹은 아이를 좀처럼 이해하지 못하고 지나치게 화를 내기도 한다.

까다로운 아이들은 자신이 원하는 것이 즉각적으로 충족되지 않을 때 대체로 좀 더 공격적이고 강렬하게 반응한다. 부모는 아이가 떼를 쓰며 요구하는 것은 아예 들어주지 않기로 결심한다. 그러다 보면 정당한 요구나 혹은 들어주어도 괜찮을 법한 요구까지 부정하고, 아이는 자신의 욕구 불만을 더 크게 표현하게 된다. 이렇듯 서로의 욕구가 충족되지 않기 때문에 부모도 자녀도 점점 더 힘들어진다. 반대로 아이가 강하게 감정을 표출하기 전에 아이의 요구를 무조건 들어주는 경향을 보이기도 한다. 그리고 더 많은 경우, 이런 선택 사이를 오락가락한다. 이른바 '비일관된 양육'이 되는 것이다.

이런 부정적인 상호작용은 아이의 까다로운 기질을 더욱 강화한다. 그러면 부모는 아이를 더 억누르거나 아예 내버려두게 된다. 이는 심각한 결과를 초래할 수도 있다. 향후 아이가 적응상의 문제를 겪을 가능성이 커지기 때문이다. 특히 주의력 결핍 과잉행동장애나 적대적 반항성 장애와 같은 외현화 장애가 부정적인 상호작용에 영향을 받기 쉽다.

기꺼이 경험하기와 원칙 지키기

많은 육아 전문가들이 '일관된 양육'을 강조한다. 언뜻 생각하면 간단하고 쉽다고 할 수도 있겠지만, 이것만큼 지키기 어려운 원칙도 없다. 아이의 행동에 부모가 영향을 크게 받기 때문이다. 아이의 강한 감정 표현을 감내하면서, 자신이 세운 원칙을 흔들리지 않고 지켜 내기란 여간 어렵지 않다.

그래서 부모는 자신의 부정적인 감정을 알아차리고, 이를 잘 조절할 필요가 있다. 그래야 일관된 원칙을 적용하여 아이를 양육할 수 있다.

아이의 감정 표현을 '감내한다'는 것에는 '기꺼이 경험한다(willingness)'는 개념이 숨어 있다. 기꺼이 경험한다는 것은 우리가 삶에서 가치 있는 것을 추구하기 위해 가장 힘든 사건들조차도 온전히 경험하는 것을 의미한다. 즉 우리가 가장 사랑하는 존재와 행복하게 함께 살아가기 위해(가치) 생길 수 있는 불편함(아이의 까다로운 기질 때문에 경험할 수 있는 부정적인 생활 사건들)을 적극적으로 수용한다는 뜻이다.

이해가 안 되는 아이의 여러 행동을 기꺼이 경험하면서, 아이의 요구에는 따뜻하고 민감하게 반응하고, 합리적이고 일관된 원칙을 적용하여 자녀가 옳은 행동을 할 수 있도록 도와야 한다.

자율성을 보장하고 기꺼이 받아들이기

한계를 넘지 않는 이상, 아이들의 자율성을 보장해 주는 것도 필요하다. 심리학자 엘리너 맥코비(Eleanor Maccoby)와 존 마틴(John Martin)은 이를 '권위 있는 양육(authoritative parenting)'이라 불렀다.

부모들은 자녀의 요구는 수용하지 않고 통제만 하려 하는 '권위적인 양육(authoritarian parenting)'을 하거나, 최소한의 통제도 없이 자녀의 요구를 지나치게 수용하는 '허용적인 양육(permissive parenting)'을 하기 쉽다. 이 양극단에서 균형을 유지하는 것이 해법이다.

균형을 유지하는 과정이 자칫 잘못하면 비일관될 수도 있을 것이다. 따라서 부부끼리, 아이와 함께 합리적이고 명확한 원칙을 정하는 것이 좋다. 그리고 그 원칙을 가능한 지키려 노력하면 된다. 그 테두리를 벗어나지 않는 선에서는 아이의 요구를 민감하게 알아차리고 잘 들어주어야 한다.

그리고 그 과정에서 일어나는 부정적인 사건들은 기꺼이 경험할 필요가 있다.

받아들이기 ─ 아이는 원래 내 뜻대로 되지 않는다

물론 기꺼이 경험하는 것이나 일관된 양육은 쉽지 않다. 나는 '우리 아이는 원래 그런 아이야'라고 생각하면서 나의 기준에 맞춰 아이의 기질을 억지로 고치려고 하지 않으려 노력했다. 그러면서 조금씩 조금씩 아이의 행동을 어제보다 오늘 더 잘 받아들이게 되었다.

아이에 대한 훈육을 포기하라는 말이 아니다. 아이가 내 뜻대로 잘되지 않을 수 있음을 받아들이고, 아이의 행동이 내게 미치는 부정적인 영향까지 알아차리는 연습을 해 보자는 것이다. 아이들이 왜 이런 행동을 하는지 도무지 이해가 되지 않을 때는 한발 떨어져서 이렇게 생각해 보자.

'이 아이는 그냥 이런 아이구나.'

나는 그렇게 받아들이기로 했다.

성격

· · ·

당신을 닮아서
이렇습니다!

아이를 키우면서 한 번쯤은 이런 말을 들어 본 경험이 있을 것이다. "누굴 닮아서 저러는 거야?", "제 아비 어미 닮아가지고" 따위의 말들. 혹은 '도대체 애가 누굴 닮아서 이러지? 나는 안 그랬던 것 같은데…'라고 의문을 품을 수도 있다. 과연 나의 아이는 누구를 닮은 것일까?

나는 어떤 사람을 만나도 이 질문에 정확하게 대답할 수 있다. "아버지 반, 어머니 반입니다." 답은 정해져 있다. 아이의 반은 나를, 나머지 반은 배우자를 닮는다. 50.01퍼센트도 아니고, 49.99퍼센트도 아니다. 정확히 50대 50이다. 인간은 원래 그렇게 태어난다. 유전자의 반은 엄마를, 나머지 반은 아빠에게서 가져온다. 너무나 당연한 사실이지만 많이 들 잊고 있는 것 같다.

이 사실을 환기하고 나면 꽤 많은 부분이 편해진다. 아무리 미워도, 아무리 꼴 보기 싫어도, 그 곤란한 성질이 나에게서 비롯된 것이라면 어느 정도 누그러들기 때문이다.

우리 아이의 외모는 아내를 닮았다. 처음에는 장인어른을 너무 닮아서 놀랐는데, 처조카들의 어린 시절을 살펴봐도 너무나 장인어른인 것을 보면, 처가 외모 영향력이 상당한 듯하다.

한번은 처가에서 어린 시절 아내의 사진첩을 보다가 더 깜짝 놀랐다. 나는 아이와 해수욕장에 간 적이 없는데, 분명히 우리 애가 튜브를 타고 뚱한 표정을 짓고 카메라를 응시하고 있는 것이 아닌가. 그만큼 아이는 아내를 닮았다. (그런데 저를 아는 분들은 아이를 보면 '아빠를 똑 닮았네!'라고 말씀하시는 것을 보니, 외모의 절반도 저를 닮은 것 같기도 합니다.).

성격은 나를 닮았다. 특히 까탈스럽고 정나미 떨어지는 부분이 그렇다. 그래서 아이가 괴팍하거나 이상한 모습을 보일 때마다 아내에게 "나 때문에 그래"라고 이실직고한다. 그럼 또 아내는 조금은 누그러든다. 재미있는 점은, 나는 아이의 약간은 괴팍한 부분이 그렇게 화가 나거나 속이 상하거나 하지 않다는 것이다. 나도 그러니까 오히려 '그럴 수 있지' 하고 고개가 끄덕여지기도 한다.

이런 것은 고쳐지지 않는다고
단념하는 편이 편하다

일단 아이는 아침에 일어났을 때 기분이 좋지 않다. 교과서에는 이렇게 적혀 있다. 아침에 아이가 눈을 뜰 때, "빨리 일어나, 늦었어!" 하고 깨우지 말고, "좋은 아침이야!"라고 하며 상냥하게 깨우라. 나는 이 부분을 읽고 정말 감동했다. '그래, 아침에는 누구나 일어나기 힘들어. 힘든데 다그치기까지 하면 얼마나 싫을까? 싫은 것에 싫은 것을 더하다니…. 난 나쁜 아빠야(아닙니다)' 하고 생각했다. 하지만 교과서와 현실은 달랐다. 아침에 깨울 때 우리 아이에게 "좋은 아침이야" 하면, "아니야!" 하고 총알 같은 대답이 되돌아온다. 그러고는 "엄마, 옆에 누워! 같이 더 잘래!" 하고 짜증을 부린다. 처음에 아내는 '얘가 도대체 왜 이러는 거야?' 하며 이해하지 못했다. 아침형 인간에 가까운 아내는 일찍 일어나 요가도 하고 스트레칭도 하며 하루를 활기차게 시작하는데, 아이는 깨웠더니 짜증을 내고, 더 자라고 두었다가 깨웠더니 또 심통을 부린다. 그러면 아내에게도 인내심의 한계는 있는지라 같이 소리를 지르거나 하게 된다.

그런데 나는 그런 우리 아이가 100퍼센트 이해가 된다. 내가 그렇기 때문이다. 나는 기본적으로 잠이 많은 편이다. 아침잠도 많다. 여덟아홉 시간은 자야 낮에 졸리지 않고 기분도 상큼하며 일의 능률도 오른다. 그리고 꽤 오랜 시간을 자고 일어나도 아침에는 기분이 별로 좋지 않다.

하지만 아이가 태어나고 나서 아침이 달라졌다. 어쩔 수 없이 일찍 일어날 수밖에 없는 일이 생겼다. 예전에는 아이가 먼저 일어나서 아빠를 깨울 때가 많았는데, 요즘에는 아이 아침잠이 늘면서 내가 먼저 일어난다. 그때 교과서에서 배운 대로 아이를 사랑스러운 눈길로 쳐다보고 얼굴을 어루만지며 "잘 잤어?" 하고 물어보면 "응 아빠. 아빠도 잘 잤어?" 하는 대답을 기대하고는 한다. (아이가 태어나서 지금까지 딱 한 번 들어 봤습니다.) 역시 여지없다. "저리 가! 아빠 싫어!" 라는 대답이 짜증 섞인 말투로 튀어나온다. 남의 집 자식은 아침에 아빠랑 꽁냥꽁냥도 한다는데, 우리 집 자식은 왜 이러는지…. 진짜 그런 애들이 있기는 한 걸까? 인스타그램에만 있는 것은 아닐까? 혹시 유니콘이나 드래곤 아닐까? (친구 첫째 아들이 유니콘임을 알고는 좌절하긴 했습니다.)

처음에는 상처도 받았다. 내가 뭐가 부족한지. 아빠랑 애착 형성이 전혀 안 된 것은 아닌지. 요즘 야근이 잦아서 그런 건지. 어젯밤 영혼까지 갈아 넣으며 같이 놀아 주었는데, 그 기억은 아침이 되면서 사라진 것인지….

어느 날 아침에는 아이를 깨우다가 짜증내는 아이의 손에 귀싸대기를 맞고서는 '얘가 대체 왜 이러나…' 생각하다가 문득 '내가 그렇잖아!' 하고 깨달았을 때, 더 이상 상처받지 않게 되었다. 맞다. 얘는 그냥 이런 애다! 아침에 눈 뜨기 힘들어하고, 눈을 떠도 각성 수준이 아직 충분히 올라오지 않아 짜증을 내는 애. 이런 건 원래 그러는 것이다. 일부러 그러는 것이 아니다. 사자에게 넌 왜 뿔이 없냐고 묻지는 않으니까. 얘는 이런 애로 태어났는데 왜 이러는지 이해 못하면 어쩌겠나? 그냥 받아들여야 하는 영역인 것이다. 이런 것은 고쳐지지 않는다고 단념하는 편이 편하다.

'안 닮으면 좋겠는데' 하는 것을 닮는다

아이는 요상하게도 부모에게서 '안 닮으면 좋겠는데' 하는 것을 빼닮는다. 이런 의미에서 아이는 어쩌면 부부의 최악의 부분만 골라 닮는 것일 수도 있다. (그런데도 그렇게 사랑스럽다는 것이 포인트입니다!) 우리 아이는 좀처럼 사과를 하지 않는다. 아직은 어린아이고, 사과의 개념을 잘 모르기 때문일 수도 있다. 하지만 느낌이 싸하다. 나는 18년이 넘는 기간 동안 아내를 만나면서, 미안하다는 말은 채 열 번도 듣지 못했다. 2년에 한 번 꼴이다. 물론 내가 주로 잘못을 저지르기 때문일 수도 있다. 미안하다는 말을 하면 천지가 개벽을 하는지, 무슨 심각한 일이 생기는지는 잘 모르겠지만, 어쨌든 아내는 잘 하지 않는다. 그런데 우리 애도 딱 그렇다. 요즘에는 좀 커서 "아, 미안" 하고 전혀 미안하지 않은 표정과 말투로 '옛다, 받아라, 사과'라는 식으로 해 버리기는 한다.

사과를 잘 하지 않는 아내지만, 사과가 필요한 상황이 있다는 것은 잘 안다. 그래서 아이가 잘못을 할 때는 '앞으로도 얘가 다른 애들한테 이러면 안 될 텐데' 하는 마음으로 "사과해"라고 말하고는 한다. 아이는 그럴 때마다 실실 웃거나 장난을 치며 도망가거나 하면서 사과를 잘 하지 않는다. 그걸 보면 아무리 부모라도 화가 난다. 그래서 정색을 하고 사과를 딱 시키면, 저렇게 하는 것이다. "아, 미안." 안 하느니만 못한 사과다.

나는 워낙에 사과를 받지 못하는 데 익숙해(맞습니다. 저 뒤끝 깁니다.) 기를 쓰고 사과를 시키려고 하지는 않는다. 아직 아이가 어리기도 해서, 사과가 어떤 것인지를 잘 모르기도 하니, 나중에 잘 교육하면 되겠지, 하는 마음도 있다. 자신이 무엇을 잘못했는지 알고, 이에 대해서 보상하고 싶은 마음이 들 때, 그때 진정어린 사과가 되는 것이니 말이다.

이런 상황에서는 "이 행동은 해서는 안 돼"라는 정도로 끝내는 것이 좋다. 할 말이 많아도, 아이가 어리면 어릴수록, 딱 한 가지만 얘기하는 것이 좋다.

아이 행동의 절반은 확실히 내 것이다

아이에게서 잘 이해되지 않는 부분을 발견했을 때, 그것이 '나로부터 온 것'이라고 생각하거나 '배우자에게서 온 것'이라고 생각하면 또 이해심이 생기는 것 같다.

우리 아이의 꼴 보기 싫은 부분을 발견했을 때, '아, 저거 나지?' 하고 생각해 보자. 효과가 탁월하다. 정말이지 화가 누그러든다.

아이의 행동의 절반은 확실히 내 것이다. 거짓이 아니다. 그러니 어찌 하겠는가. 우리가 낳은 아이, 절반은 내 것이고 나머지 절반은 배우자 것이거늘. 그저 아이가 커 갈수록 그 조합이 나쁘지 않기를 바라는 수밖에….

• • •

아이가
감정 표현을
세게 한다면

아이가 제일 먼저 눈을 뜬다. "엄마, 나 화장실 갈래." 아내는 아침에 아이가 화장실에 간 김에 세수를 하고 나오는 것을 연습시키는 중이다. 하지만 마음처럼 잘 되지 않는다. 아이는 "세수는 좀 더 자고 할래!"라며 앙칼지게 얘기한다. 그런데 웬일인가? 오늘 아침은 순순히 세수를 한다. "몇 번 해야 해?" "네 나이만큼?" 이러면 평소에는 한 번만 하겠다느니 두 번 이상은 안 된다느니 하는데, 또 순순히 따른다. 심지어 눈곱이 안 떼어졌으니 엄마가 좀 더 씻겨 준다는데도 가만있다. "나 시리얼 먹을래. 사이다랑." 최근에 어쩌다가 탄산음료 맛을 알게 됐는지…. 예전에는 탄산의 그 톡 쏘는 맛이 '맵다'며 마시지 않았는데…. 새삼 아이가 컸음을 실감한다. 여기까지는 오랜만에 누리는 평화로운 아침이었다.

"이부우우우울! 이불 왜 없어!" 아이는 최근 아침 루틴이 생겼다. 아침에 일어나서 화장실을 갔다가 거실로 나오면, 좋아하는 만화 영화를 보면서 시리얼을 과자처럼 씹어 먹는다. 여기에 좋아하는 우유나 주스 등을 곁들이는데, 3월이라 아직은 좀 쌀쌀한지라 포슬포슬한 극세사 이불을 장옷(쓰개치마)처럼 걸치고는 한다. 그런데 오늘, 하필 그 이불을 빤 날이었던 것이다. "이불 빨아서 그래. 오늘은 다른 걸 줄게." 엄마가 부드럽게 말해 보지만 소용없다. 꼭 그 이불이어야 한다. 울고불고 난리다. 아침의 평화는 채 5분을 넘기지 못했다. 결국 빨랫줄에 널려 있던 이불을 덜 말라 꾸덕꾸덕한 채로 덮어 주었다. 엄마는 아침부터 있는 대로 진을 뺀 상태다. 기분도 좋지 않다. "아침부터 왜 이러는 건지 모르겠어. 지친다, 지쳐."

부정적 감정의 서툰 표현

까다로운 아이들은 변화에 민감하다. 자극의 강도가 조금만 바뀌어도 알아차린다. 그때의 반응은 긍정적이기보다는 부정적일 확률이 높다. 새로운 자극은 불편하게 느낀다. 불편함을 느낄 때 반응도 세다. 즉 조금만 자기의 마음에 들지 않으면 부정적인 감정을 강하게 표현한다.

어릴 때는 주로 짜증을 심하게 내면서 우는 것으로 시작해, 이내 소리를 지르고 악을 쓰고 제 딴에는 최대한 험한 말을 한다. 주로 '미워', '저리 가', '싫어' 등의 가벼운 표현부터, '없어졌으면 좋겠어', '죽일 거야' 등의 어른이 들어도 가슴 철렁한 얘기까지 한다. 이 험한 말들의 대상은 주로 엄마, 아빠, 형제자매다.

들는 사람 입장에서는 깜짝 놀랄 만한 표현이기는 하지만, 이 말은 그냥 '화가 많이 났다'는 뜻 이상도 이하도 아니다. 말의 내용에 너무 걱정을 하거나 화를 내지 않아도 된다. 이런 말을 했다고 아이가 천하의 몹쓸 사람이 되는 것은 아니다. 그저 자신의 부정적인 감정을 서투르게 표현하는 것일 뿐이다.

주 양육자인 엄마에게 화를 내는 것은 위험하니 만만한 아빠에게

심리학자인 아빠는 씩 웃으며 아이를 달래기 위해 등판한다. 이럴 때 쓰라고 전공자가 있는 것 아니겠는가? 아이가 기분이 조금 가라앉기를 기다린 다음, 밝은 표정과 말투로 인사한다. "기분 좋게 잘 잤어?" 그러면 아이는 "응"이라고 대답해야 한다. 그것이 아니라면, 살짝 토라진 모습으로 입을 삐죽이는 정도…. 나는 그렇게 예상했다. 그럼 나는 토닥토닥해 주면서 "아침에 나왔는데 이불이 없어서 속이 많이 상했어?"라고 마음을 읽어 주려 했다. 더할 나위 없이 모범적인 접근이다. 그런데 문제는 아이의 반응이 내 예상과 너무 달랐다는 것이다.

"저리 가! 아빠 미워!" 반응의 강도가 세다. 울고불고 하면서 짜증을 있는 대로 낸다. 아빠는 억울하다. 이불을 내가 빤 것도 아니고, 오늘 아침 첫 인사인데. 누구라도 만나자마자 상대가 이런 반응을 보이면 당황스럽다. "기분이 많이 안 좋아?" 나름 수습해 보려 말을 걸어 보지만 틀렸다. 아이는 이미 아빠가 자기 말을 듣지 않은 것(저리 가지 않았으니까요)에 기분이 더 나빠졌다. "저리 가! (잠깐 들이마시고) 아~~~!" 초고음역대로 소리를 지르면서도 호흡이 어찌나 긴지. 가수 시켜야겠다는 내 생각은 틀리지 않았다.

이 장면에서 심리학자 아빠는 어떤 행동을 해야 할지 잠시 망설인다. 제1안은 우선 아이가 말한 대로 저리 가는 방법이 있을 것이다. 그럼 아이가 소리 지르는 것은 곧 줄어들겠지만, 아이가 소리 지르는 행동은 강화될 것이다. 다음 번에 이런 상황이 닥치면 또 소리를 지르게 될 것이다. 제2안은 아이의 요구를 무시하고, 아이가 소리를 지르지 않고 차분해지면, 그때 얘기를 들어주는 것이다. 이러면 아이는 원하는 것이 있을 때는 차분하게 얘기해야 한다는 것을 학습할 수 있을 것이다. 하지만 바로 울음을 그치지는 않을 것이다. 한참 동안 소리를 지르고 울고불고하는 것을 감내하며 가르쳐야 할지도 모른다. 아침부터 아이도 부모도 많이 지칠 수 있다.

나는 일단 엄마가 있는 곳으로 갔다. 이런 상황에서 아내는 내 편이다. 그런데 아이의 눈엔 이것이 또 맘에 들지 않는다. "엄마랑 떨어져!" 어쩌라는 건지. 저리 가라고 해서 갔더니 엄마 있는 곳은 또 아닌 것이다. "저리 갔잖아? 그럼 어디로 가야 해?" 하고 묻는다. "나랑 엄마 보이지 않는 곳으로!" 아이고 서러워라. 아무 잘못한 것이 없는데 왜 나한테 이러는 걸까?

이것은 '전치(displacement)'라는 방어기제의 작동 원리와도 비슷하다. 쉽게 말해 종로에서 뺨 맞고 한강에서 눈 흘기는 격이다. 화는 이불을 빨아 버린 엄마에게 났지만, 주 양육자인 엄마에게 화를 내는 것은 아이에게는 꽤나 위험한 일이니 만만한 아빠에게 내는 것이다. 자신의 감정을 꾹꾹 누르고 억압하는 것보다는 낫기는 하다. 그래도 표현은 하는 것이니 말이다.

얄밉기는 하지만 다행이다

아무리 심리적 기제가 발동한 것이라도, 나의 억울함이 가시지는 않는다. 내가 오늘 아이에게 한 일은 "기분 좋게 잘 잤어?" 하고 인사한 것뿐이다. 아빠는 결국 아이 말을 들어주는 것을 선택했다. 화장실로 가서 출근 준비를 하기로. 씻고 면도를 하고 머리를 감는다. 그리고 아이의 심기를 거스를세라 후딱 안방으로 들어가 스킨과 로션을 바르고 머리를 말린다. 수업이 없는 날이라 좀 가볍게 입을까 하다가 오후에 미팅이 있음을 떠올리고 무난하게 셔츠에 니트를 입는다. 새로 산 까만 바지를 입고 이에 맞춰 까만 양말도 신는다. 마스크도 챙긴다.

그리고 거실로 나오니, 어라? 아이는 벌써 기분이 좋아져 있다. 아빠도 자기가 원하는 대로 눈앞에서 사라져 주었고, 엄마도 오늘은 화를 내지 않고 자신이 원하는 바를 좀 들어주었나 보다. 혹시나 또 노여워할까 봐 슬쩍 말을 걸어본다. 웬걸! 배시시 웃으면서 잘 받아준다. 이리 금방 풀릴 것을 그 난리를 쳤다는 것이 허탈하기도 하다. "야…. 이거 딱 당신이 싫어하는 건데. 혼자 휙 풀리는 거." "어때? 똑같이 당해 보니까?" 아내가 말한다. 그렇다. 저건 딱 내 모습이다.

나는 기분 변화가 심한 편이다. 기분이 확 나빠졌다가도 갑자기 쓱 풀린다. 연애 시절 아내는 막 싸우다가 혼자 풀려 헤헤거리는 나를 보면 기분이 더 나빠진다고 했다. 내가 기분이 풀렸다고 "자기도 얼른 풀어" 이랬으니 말이다.

사람마다 화가 가라앉고 풀리는 시간이 다른데, 나의 태도는 '내 감정이 편해졌으니 너도 얼른 편해져서 나를 편하게 해 주렴'과 같았다고 한다. 당연히 상대는 기분이 풀리지 않는다. 아내의 이런 마음을 알고 나서는 이런 짓을 하지 않았다. 내 감정이 정리가 된 후에는 아내의 감정이 풀리기를 기다리거나, 원하는 것을 말해 주면 이를 들어주는 식으로 방법을 바꾸었다. 그런데 지금 딱 이 녀석이 그렇다. 혼자 풀리고 헤헤거리는 것을 보니 다행이다 싶다가도 살짝 얄밉다.

아이는 자기 감정 표현의 영향을 잘 모른다

나는 기분이 쉽게 오르락내리락한다는 것을 알고 있다. 이것도 타고난 것이다. 감정의 파도를 심하게 타는 사람들이 있다. 나도 어릴 때는 이 파도를 있는 그대로 드러냈을 것이다. 그리고 나이가 들면서 사회적 상황에서는 티를 내지 않으려고 노력을 했을 것이다. 그러나 늘 잘될 리는 없다. 성인이 된 이후로 나와 가장 오랜 시간을 보낸 아내는 바로 알아차린다. 지금 내 기분이 좋지 않다는 것을. 더불어 그냥 내버려 두면 혼자 알아서 풀린다는 것도.

학교 대학원 제자들에게도 "나는 기분이 좀 오르락내리락 잘 하는 편이야. 신경 쓰지 말고 할 말 해도 괜찮아. 내 눈치 보지 말고"라고 얘기한다. 하지만 애들 입장에서는 곤란하고 난감할 것이다. 나도 병원 근무를 할 때 선생님들 기분에 엄청 신경을 썼고, 이에 맞춰 적절하게 행동하는 것이 어려웠기 때문이다. 무엇보다 이런 상황이 너무 싫었다. 그래서 대학원 제자들은 그러지 않기를 바랐는데, 바람은 이루어지지 않았다. 당연하다. 지도 교수의 기분이 종잡을 수 없이 왔다 갔다 하는데 할 말 다 하기는 쉽지 않다. 아니 불가능하다. '눈치 보지 마'라는 말에도 눈치를 보게 된다.

아이가 나와 똑같이 하는 것을 겪어 보니 더 잘 알게 된다. 나도 아이 기분을 살피게 되고, 아이가 기분이 좋아지면 나도 다행이다 싶어 풀린다. 아이는 자기가 기분을 이런 식으로 표현하면 다른 사람들이 많이 힘들 수도 있다는 것을 잘 모른다. 그러니 조금씩 알려 주면 된다. 중요한 것은 조금씩이다. 어차피 아이가 크면 클수록 자연스럽게 알게 된다. 지금 내 눈앞에서 알아들을 때까지 설명할 필요는 없다. 그냥 중립적으로 간단하게 한마디만 하면 된다. 여러 번 할 필요는 있다. 아이가 성장할 때까지 계속.

길고 긴 아이의 인생에서,
오늘 일은 별일 아니다

기질은 타고나는 것이다. 기질을 바꾸는 것은 쉽지 않다. 프랑스의 계몽주의 철학자 볼테르조차 "천성은 교육보다 더 큰 영향력을 미친다"라고 하였다. 타고난 기질을 평생 질 다스리며 살아야 하는 것이다. 나도 심리학을 배운 이후에는 내 예민한 성질을 잘 다스리려 부단히 노력해 왔다. 아이도 이것을 배워야 한다.

하지만 지금은 아직 어리고 마음 수련을 익히는 것은 불가능하다. 부모로서 아이를 대할 때도 이를 잘 되새겨야 한다. "얘는 왜 이러지?"가 아니라 "얘는 이렇구나" 같은 태도가 필요하다.

아이도 사회생활을 한다. 부모에게 하는 것처럼 모든 사람을 대하지 않는다. 꽤나 괜찮게 다른 사람들을 대한다. 아이를 믿고 내 눈앞에서 이 버릇을 고쳐 놓겠다는 태도는 잠시 내려두는 것이 좋다. 아이의 긴 인생에서, 오늘 일은 별일 아니다. 아이가 나아질 수 있다는 것을 믿도록 하자. 분명 지금보다는 좋은 방향으로 조금씩 나아간다는 것을.

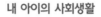

. . .

집 다르고
밖 다른
우리 아이

"아이가 얼마나 잘 지내는지 몰라요. 다른 애들하고도 잘
어울리고요, 밥도 씩씩하게 잘 먹어요. 떼도 많이 안 쓰고
낮잠도 정해진 시간에 잘 잔답니다."
"네? 그럴 리가요, 선생님. 지금 의례적인 인사치레하시는
건가요? 지금 말씀하시는 아이가 진짜 우리 아이가 맞는지요?"

가끔 어린이집 선생님의 얘기를 듣다 보면, 이 아이가 내
아이가 맞나 싶을 때가 있다.

분명히 우리 아이는 세계 최고의 생떼쟁이, '저러다가 친
구들에게 맞지나 않을까?' 걱정이 될 정도로 자기 하고 싶
은 대로만 하고, "제발 한 숟가락만 먹자" 하고 따라붙어도
유튜브나 보여 줘야 겨우 한두 술 뜰까 말까 한 소식가인데,

이게 무슨 소리신지요? 애들하고 잘 지낸다고요? 밥을 잘 먹는다고요? 낮잠을 잘 자요? 정말 우리 애 맞나요?

가끔 우리 아이의 '사회생활'이 궁금할 때가 있다. 어린이집에서 어떻게 지내는지 궁금한 것이다. 어린이집에서도 아이는 '사회생활'을 한다. 부모와 있을 때와는 완전히 다른 모습을 보인다. 심지어 우리 아이는 "어린이집 가기 싫어!" 하고 어린이집 현관 앞에서 펑펑 울고 떼를 쓰며 부모의 마음을 미어지게 해 놓고서는, 엄마 아빠가 돌아서고, 자기 반으로 올라가는 계단을 세 개만 밟으면, 언제 그랬냐는 듯이 방긋 웃으며 "선생님, 오늘은 뭐 하고 놀아요?" 하고 기분이 좋아진다고 한다. 배신감은 이루 말할 수 없다. 하지만 한편으로는 정말 다행이다 싶다. 바가지가 집에서만 새는 것이 그래도 낫지 않은가.

부모와 함께 지낼 때의 우리 아이는 참 힘든 아이다. (물론 너무 예쁠 때도 있습니다.) 까다로운 아이라는 뜻이다. (《겨울왕국》 얘기할 때 나왔었죠?) 처음에는 애들은 다 그러려니, 원래 말을 잘 안 듣겠거니 했다. 친구들과 얘기해 봐도 다들 아이 키우는 것이 힘들다고만 하지, "우리 애는 정말 순해. 말도 정말 잘 들어. 손이 거의 안 간다니까?" 하는 사람은 없었다. 그래서 40퍼센트나 된다던, 순한 기질의 아이들은 유니콘이나 드래곤인 줄만 알았다. 있다고는 하는데 아무도 보지 못했으니 말이다. '그래, 원래 교과서에는 다 최상의 시나리오만 적는 거야' 하며 위안 삼기도 했다. 그러던 어느 날,

우리는 드래곤을 목격하고 만다. 친구 내외가 아이들과 놀러 왔을 때였다. 잘 시간이 되어 친구가 "얘들아, 이제 이 닦자"라고 말했다. 그러자 그 집 애들이 한 치의 망설임도 없이 "네"라고 대답하는 것이다. 그리고 곧장 이를 닦으러 화장실로 들어갔다. 우리는 그날도 이를 닦이느라 녹초가 되었는데, 저것이 가능하다니! 너무 놀라웠다. 우리가 늘그막에 애를 낳아 체력이 떨어져서 힘든 것이라 생각하였는데, 알고 보니 우리 아이가 힘든 아이였다니. 두 눈으로 남의 집 아이의 순종(?)을 보고 나서야 이 사실을 알게 된 것이다. (그렇습니다. 여러분! 드래곤은 있습니다. 물론 드래곤 키우는 것도 만만치는 않습니다만….)

인사도 잘 하지 않고
대답도 잘 하지 않는 우리 아이

우리 아이가 까다로운 아이임을 받아들이고 난 지 얼마 되지 않았을 때, 아이가 '사회생활'을 할 때는 꽤 괜찮은 아이라는 것을 알게 되었다. 나와 아내는 묘한 배신감을 느끼는 동시에, '천만 다행이다'라고 생각했다. '저거 사람 구실 못하면 어떡하지?' '까불다가 친구들한테 맞고 다니는 건 아닐까 몰라?' '혹시 따돌림이라도 당하면 안 되는데'와 같은 걱정은 과도한 것일 수도 있겠다 싶어 안심이 되기도 했다.

우리 아이는 많이 어리지만, 자신이 마음대로 할 수 있는 대상과 그렇지 않은 대상을 충분히 구별하고 있는 것 같다. 우리는 아이에 대해서 많은 것을 알고 있는 것처럼 생각하지만, 의외로 모르는 모습도 상당했던 것이다. 그래서 궁금했다. 내 아이가 어린이집에서 어떤 (가증스러운) 사회생활을 하고 있는지….

드디어 기회가 왔다. 어린이집에서도 가끔 참관 수업을 한다. 그날은 아빠들이 주로 오셨고, 같은 반 친구들과 함께 샐러드와 샌드위치를 만드는 날이었다. 우리 아이는 활동적이고 잘 웃는 편이지만, 은근히 낮도 많이 가린다. 이런 애들의 특징이 (완전 숫기 없는 애들과는 달리) 잘 할 것 같은데도 어른들에게 인사를 잘 하지 않는다.

어린이집을 갈 때 같은 반 친구 부모님을 만날 때가 많은데, 같은 반 친구 어머니, 아버지 들은 우리 아이에게 "안녕? 잘 지냈니?" 하고 인사를 먼저 하신다. 그러면 부모로서 아이가 어서 "안녕하세요"라도 하기를 바라는데, 아이는 못 들은 척한다. 그런데 그 집 애는 나에게 배꼽인사를 한다. 우리 애가 버릇없게 보이면 어떡하지, 아무래도 걱정이 앞선다.

또 뭘 물어도 대답도 잘 하지 않는다. 본가에 가거나 처가에 갈 때 오랜만에 보는 할머니 할아버지가 이것저것 물으시면 신이 나서 대답이라도 잘 하면 좋으련만, 우리 애는 그것도 못 들은 척이다. 우리 부부는 그 모습도 은근 버릇없어 보일까 봐, 부모가 잘못 키웠다는 생각을 하실까 봐 걱정이었다. 그래도 시간이 지나면 나아질 것이라고 생각하고, 아직은 어리니까 좀 지켜보자고 서로를 다독였다. 어머나 그런데, 이 아이가 그날 수업 시간에 하는 '사회생활'을 나는 보고야 만 것이다.

어린이집 참관 수업

그날 행사를 위해 오신 요리사 선생님이 토마토를 집어 들고 묻는다. "여러분, 이게 뭐죠?" "토마토요!" 우리 애가 대답한 것이다. 난 잘못 들은 줄 알았다. '낯선 사람이 질문을 하는데 이렇게 빨리 대답을 해? 그것도 존댓말로?' 그뿐만이 아니었다. 어떤 질문에는 손을 들고, 급하게 먼저 얘기하지도 않고, 자신이 발표해도 좋다는 허락을 받은 후에, 정확하게 대답을 하는 것이다.

세상에 이럴 수가. 샌드위치 만들다 말고 옆 친구에게 빵을 먼저 주었다고 "내가 먼저 할 거야!" 하고 악을 쓰면 어떡하나, 발표할 때 자기를 시키지 않았다고 온 교실을 뒹굴면서 울면 어떡하나 걱정했는데, 순서도 잘 지키고 지시사항도 이렇게 잘 따른다고? 심지어 행사가 끝나고 집에 갈 때는, 신나게 손을 흔들며 "아빠 잘 가. 집에서 봐" 하고 인사도 해 준다고? (우리 애는 어린이집에 데려다줄 때도 '시크'하게 돌아서지 아빠에게 인사를 하지 않습니다.) 보는 눈이 많아서 그렇다면 더더욱 놀랄 일이다. 얘가, 이 어린것이, 사회생활을 하는 것이니 말이다. 너무 신기했다. 집에 와서 아내에게 막 자랑을 했다.

"우리 애가 그래도 사회생활은 하더라. 사람 구실은 할 것 같아."

안에서만 새는 바가지

주변에도 그런 사람들이 있다. 회사 동료나 친구에게는 정말 더할 나위 없이 잘하는데 가족이나 연인에게는 그 모든 곳에서 쌓인 스트레스를 터뜨리는 사람. 사람은 어느 장면이든지 적절히 김을 빼 주는 때가 있어야 하는데, 그것을 사회생활에서 꾹꾹 누르다가 집에서 혹은 가장 소중하게 대해야 할 사람 앞에서 폭발시키는 것이다.

심리학자 입장에서는 차라리 반대가 낫다. 공적인 관계에서 심하게 구는 사람은 어떻게든 거리를 유지할 수 있다. 그러나 가족은 거리두기가 매우 어렵다. 실제로 밖에서는 둘도 없이 좋은 사람이 집에서 정서적 학대를 일삼아 힘들어하는 가족을 너무 많이 보았다.

그렇다. 나는 우리 아이가 '가족에게 따뜻한' 사람이 되기를 바란다. 그런데 온갖 진상은 가족에게만 부리는 것이었다니. 이런 배신감이 없다. "아니오! 선생님. 우리 아이는 그런 착한 아이가 아닙니다!"라고 실상을 알려 주고 싶기도 하다. 그래도 얼마나 다행인가. 사람 구실을 하니. '지랄 총

량의 법칙'이라는 것이 있지 않은가. 지금 이렇게 부모를 힘들게 하면, 나중에는 그래도 좀 나을 터이다. 그렇게 위안을 삼는다. 내 아이가 사회생활을 한다니, 너무 기특하다.

정상화

· · ·

때로는
쩨쩨한 치유가
필요하다

2월 말 3월 초가 되면 연구실은 바빠진다. 개강도 개강이지만 많은 연구 제안서의 제출 마감이 3월 초이기 때문이다. 교수는 연구가 직업이다. 연구를 위해서는 돈이 필요하다. 그래서 연구재단 같은 곳에 "우리는 이런 연구를 이 정도의 비용으로 하려 합니다. 돈 좀 주세요"라는 내용의 제안서를 쓴다. 선정되면 짧게는 1년, 길게는 5년에서 10년 동안 연구비를 받는다. 경쟁은 점점 치열해지고, 제안서를 여간 잘 쓰지 않으면 연구비를 받기 어렵다.

어느 날 박사과정 학생이 연구실 문을 두드렸다. "지나가다 교수님 방 불이 켜져 있길래요." 씩 웃으며 들어왔다. 나는 그날도 제안서를 쓰는 중이었다. 제안서를 연구실 신입생들과 같이 써야 하는데, 힘들었나 보다. 처음이니까 당연히 못 쓰는 것은 이해하겠는데, 자기는 신입생들에게 맡긴 일이 언제 끝나나 싶어 밥도 못 먹고 기다리고 있는데, 신입 애들은 자기 할 거 다 하고 일을 뒷전으로 미뤄 둔 듯하다. 씩씩거리며 "아니 왜 이런 기본적인 것들도 안 지키죠?"라고 얘기하는데, 어느덧 이 친구도 꼰대가 다 된 것 같아 문득 흐뭇(?)했다. 내가 학생들에게 느끼던 감정을 같이 느끼고 있는 것이 좋았다. 나만 꼰대가 된 것 같고, 꼬장꼬장한 늙은이가 된 것은 아닌지 문득 슬퍼질 때가 많았는데, 나보다 훨씬 어린 박사과정 학생에게도 일어나는 감정이라니. 커다란 위안을 받았다.

내가 느끼는 감정은
누구나 느낄 수 있는 것!

심리 치료에서 내가 느끼는 감정이 누구나 느낄 수 있는 것이라는 '정상화'는 참으로 중요하다. 치료자가 이것만 잘해 주어도 내담자는 위안을 받는다. 육아에서도 이와 비슷한 것을 경험할 때가 있다.

나는 '우리 아이만 굉장히 이상하고 독특한 줄 알았는데 다른 아이도 그럴 때'가 바로 그 순간이다. 위안을 받는다.

'우리 아이만 이상한 게 아니었어.'

좀 이상하게 들릴 수도 있지만, 딱 맞는 표현이다. 부모들은 항상 '내가 잘못 키워서 이런 게 아닐까?'와 싸우고 있다. 그런데 그것이 아닐 수도 있다는 증거가 나타난 셈이다. 이래서 부모들은 아이들을 끼고 함께 만나는 것 같다.

친한 친구가 있다. 결혼도 비슷한 시기에 했다. 아이들 나이도 비슷하다. 그 집 둘째가 우리 아이와 나이가 같다. 생일도 비슷하다. 그런데 그 집은 첫째가 유니콘이었다. 교과서에만 존재하는 줄 알았던, 엄청나게 순한, 부모 말도 잘 듣는, 심지어 잘생기기까지 한 아이였다. 물론 그 집도 그집 나름의 힘듦은 당연히 있다. 그렇지만 사람은 자신에게 없는 것이 커 보이기 마련이다.

말을 안 듣는 우리 아이를 키우다가 그 애를 보면, 너무 신기하고 부러웠다. 심지어 나는 심리학자인데…. 그 전에 그 친구가 육아 문제로 상담을 청하면 잘난 척하며 조언도 했는데…. 뭐야, 우리 애는 이렇게 말도 안 듣고 성격도 이상한데…. 내가 잘못 키워 그런가? 같이 만나 놀면 좋기는 한데, 괜히 내가 못난 부모가 된 것 같은 기분이었다. 아니란 것을 알면서도 괜히 그랬다.

내가 잘못 키운 게 아니었어!
아이 흉을 보며 친해지다

그러던 어느 날, 제주도에 있을 때였다. SNS를 하다가 대학교 동기인 형이 제주도에 있다는 것을 우연히 알게 되었다. 당장 연락해서 만날 날을 잡았다. 마침 그 형의 아이도 우리 애랑 나이가 비슷했다. 그래서 애들끼리 놀게 하고, 부모끼리는 오랜만에 맥주라도 한 잔 할 생각에 마음이 들떴다. 오랜만에 만나니 어찌나 반갑던지. 대학에 임용되기 전에 술도 같이 먹고 신세한탄도 같이 하던 사이라 그런지 더 애틋했다.

한편 약간 걱정이 되기도 했다. '우리 애가 그 집 애랑 잘 놀까? 우리 애 성격이 만만치 않은데. 울리고 그러면 어떡하지?' 아니나 다를까 동생이랑 놀면 양보도 좀 하고 그러면 좋을 텐데 그러지 않았다. "내 것이야!" 아니다. 그 집 애 것이다. 그런데도 막무가내다. 이러다 울릴 것 같다. 그런데 "아냐, 내 것이야!"라고 되받아친다. 오, 다행이다. 그 아이도 만만한 성격이 아니었다.

똑같은 성격 둘이 다투니 승부도 쉽게 나지 않았다. 삐치는 포인트도 비슷했다. 약간 예민한 스타일이랄까? 좌절 인내력이 약한 편이라 둘 다 마음대로 안 되면 울고불고했다. 그러다가 또 금방 풀려서 잘 노는 것도 비슷했다. 촉감에 예민한 편이라 자기가 옷을 꼭 골라야 하는 것도, 활동성이 높아서 항상 뛰어다녀야 하는 것도, 밤잠이 없어서 늦게까지 깨어 있는 것도, 심지어 입이 짧아서 밥을 잘 먹지 않는 것도 비슷했다.

그러다 보니 부모들도 빨리 친해졌다. 아이 흉(?)을 보면서 친해지는 거다. '그 집 애도 그렇냐? 우리 애도 그렇다.' 심지어 어떤 면에서는 우리 애가 조금 나은 면도 보인다. 굉장히 치졸한 얘기지만, 괜히 다행이란 생각도 든다. 물론 그 집도 우리 애를 보며 그렇게 생각하는 면이 있었을 것이다.

쩨쩨한 치유는 이렇게 일어난다. 우리 애만 이상한 것이 아니라는 점. 내가 볼 때 저 집 부부는 너무나 괜찮은 사람들이고, 육아도 정말 잘하는데, 애가 그냥 그렇다는 점. 부모의 잘못이 아니라는 증거가 눈앞에 보일 때 드는 안도감은 상당하다. 그리고 같은 고민을 하고 있다는 점. 비슷한 기질의 아이를 키우는 것에서 오는 전우애. 이 집과 함께라면 긴장을 조금 내려놓고 아이를 놀려도 되겠다는 안도감까지. 유니콘 속에 아이를 풀어 놓는 것은 우리 애가 너무 튀어서 곤란한 데 반해, 비슷한 애들 사이에 우리 애는 그냥 묻힌다. 참 좋다.

우리가 너무 겁먹은 것은 아닐까?

우리 아이가 다른 부부들에게 쩨쩨한 치유를 선사한 적도 있다. 어느 날 오랜만에 친구에게 연락이 왔다. 아이가 두 돌이 안 되었는데, 너무 예민한 것 같아서 상담을 하고 싶다고 했다. 아이에게 해 볼 수 있는 검사가 있는지, 있다면 어느 기관이 좋은지 등에 대해서 물었다.

나는 이런 질문을 많이 받는 편이다. 임상심리학자가 하는 일이 이런 평가와 치료이기 때문이다. 두 돌이 되지 않았다면 할 수 있는 검사는 매우 제한적이다. 막상 검사를 해도 속 시원하게 원인을 밝히기 어려운 경우도 많고, 세 돌 이전에는 아이가 갑자기 좋아지는 경우도 흔하기 때문에 일단 한번 만나자고 했다.

처음 만난 그 집 아이는 얌전했다. 낯가림도 조금 있고 친해지는 데 시간이 좀 걸리는 아이였다. 아직 어려 우리 아이와 상호작용을 하며 놀지는 않았다. 그래서 아이가 놀이 과정에서 어떻게 하는지, 이 과정에서 생기는 수많은 좌절 상황(장난감을 뺏기거나, 갖고 놀고 싶은 것을 못 갖고 노는 경우 등)에 어떻게 행동하는지를 알기는 어려웠다. 그래도 큰 문제는 없어 보였다.

내게 전화를 할 즈음에 쪽쪽이를 떼는 시간이 너무 오래 걸렸고, 그 당시 아이가 예민해져서 마트에서 심하게 생떼를 부린다든지, 달래도 잘 달래지지 않는 일이 잦았던 것 같았다. 마침 찾아간 병원 선생님이 "애 이렇게 키우면 안 된다"라고 한소리를 한 터라 부모로서 겁이 덜컥 난 것이다. 그런데 우리 집에 와서 보니 우리 아이는 훨씬 더 자주 생떼를 부리고, 훨씬 더 자주 울고, 좌절 상황에서 잘 통제도 되지 않았다. (문제는 그날 우리 아이는 우리 기준으로 95점이 넘었다는 것입니다. 아주 얌전해서 잘했다고 칭찬까지 해 주었습니다.)

이 모습을 보고 친구는 위안을 얻었다 했다. 돌아가는 택시 안에서 "이렇게 말하긴 좀 그렇지만, 저 집 애 보고 나니 우리 애 괜찮다는 생각이 든다. 심리학자 아빠가 있는 집도 저러는데 우리가 너무 겁먹은 거 아닐까?"하고 아내와 이야기를 나눴다고 한다. 괜찮다. 그렇게 쩨쩨하게 치유하는 것이다. 나도 얼마든지 위안 삼으라고 했다.

비교가 꼭 좋은 것은 아닐 수 있지만

다른 집 아이와 비교가 꼭 좋은 것은 아닐 수 있지만, 이렇게 위안받는 것은 괜찮은 것 같다. 적극적으로 우리 아이의 괜찮은 면을 발견하는 것이기 때문이다. 그리고 지구상 어딘가에 우리 애랑 비슷한 아이가 실존한다는 든든함과, 우리 애만 특별히 이상한 애가 아니라는 다행함. 이런 것들이 우리를 편안하게 하는 것 아닐까?

"이 글을 읽는 여러분, 저희 아이가 있습니다.
여러분의 아이와 매우 비슷한 아이,
혹은 좀 더 심한 아이가 실존합니다. 믿고 안도하세요.
여러분이 잘못한 것은 없습니다. 원래 그런 아이거든요.
그럼에도 불구하고 너무 사랑스러운 게 포인트!"

내가 불편해서
아이를 혼내는 건
아닐까?

심리학자들은 심리적으로 문제 있는 사람들이 심리학을 전공하는 것 같다는 농담을 곤잘 하곤 한다. 경제관념이 없는 사람들이 경제학을 전공하고, 사회성이 떨어지는 사람들이 사회학을 전공한다는 유의 농담이다. 당연히 과학적인 근거는 없다. 그런데 재미있는 것은 정신 병리를 다루고 공부하는 임상심리학자들은 '자신에게 어떤 문제가 있는지' 비교적 객관적으로 알고 있다는 점이다. 나의 문제 중 하나는 강박증상이다.

강박장애 혹은 강박증

강박증 혹은 강박장애라고 하는 것은 강박사고와 강박

행동으로 이루어져 있다. 강박사고는 자신이 원하지 않는 생각이 머릿속을 불쑥불쑥 파고들어 괴로움을 유발한다. 강박행동은 이런 자신의 강박사고를 중화하기 위한 행동이다.

예를 들어, 화장실 문 손잡이를 잡고 '화장실 갔다가 손 안 씻고 나오는 사람들도 많을 텐데, 이 문고리는 얼마나 더 러울까? 갖가지 안 좋은 병에 걸릴지도 몰라'라는 생각 때문에 엄청 찜찜하고 괴로워지는 것은 강박사고이다. 그리고 강박사고 때문에 일어나는 행동, 즉 손을 반복해서 씻는 것은 강박행동이다.

강박장애에서 가장 괴로운 것 중 하나가 바로 이 강박행동이다. 처음에는 손을 한 번만 꼼꼼히 씻으면 찜찜함이 사라진다. 그렇지만 시간이 지날수록 그 정도 씻는 것으로는 찜찜함이 가시지 않는다.

그래서 독특한 순서가 생긴다든지, 자신만의 손 씻는 법을 궁리하든지 한다. 초기에는 이렇게 손을 씻는 순서나 방법만 바뀌어도 찜찜함이 사라지지만, 시간이 지날수록 악화되어 나중에는 하루에 수십 번씩 손을 씻거나 한 번에 30분 이상씩 손을 씻게 되기도 한다.

강박행동은 본인은 물론이고 주변 사람들까지 힘들게 한다. 강박사고와 강박행동이 일상생활에 지장을 일으켜 심리적인 고통이 심하다면 강박장애로 진단할 수 있다. 그리고 '장애'라고 부를 정도는 아니지만 소소하게 비슷한 증상을 갖고 있다면, 이는 '강박증상' 정도로 얘기할 수 있다.

강박의 시작

나의 강박은 초등학생 시절, 학교 책상 서랍에 물건이 있는지 꼭꼭 확인하고 다니는 습관에서 시작됐다. 물건을 잘 두고 다니는 탓에 생긴 습관인 것 같기도 하다. 한 번만 확인하고 가면 큰 문제가 없을 텐데, 꼭 세 번씩 확인한다든지, 확인하면서 '확인했다, 확인했다, 확인했다' 세 번 되뇌는 것이라든지 등은 강박행동과 비슷하다. 집에 가다 말고 다시 돌아가서 또 세 번 확인하는 것도 그렇다. 중학교에 진학하고 난 후 사물함이 생기고, 학교에 물건을 놓고 가도 별일이 생기지는 않는다는 것을 알게 된 후 점차 사라진 것 같다.

집 문을 잠갔는지 확인하는 강박은 꽤 오래 지속되었다. 이것은 아무래도 초등학교 때 겪은 사건의 영향이 아니었나 싶다. 직장에 다니던 어머니께서 집 앞 현관 바로 앞에서 소매치기를 당한 적이 있다. 그날 장면은 비교적 또렷하게 기억난다.

딩동! 초인종이 울렸다. 나는 "엄마다!" 하고 소리치며 뛰어 나갔다. 바로 그때 "어머나!" 비명과도 같은 소리와 함께 어머니가 외쳤다. "소매치기야!" 어머니는 바닥에 쓰러지셨고, 아버지가 쏜살같이 나가 소매치기범을 따라갔다.

어린 나는 너무 놀라 울었다. 어머니가 넘어지면서 생긴 상처들도 또렷이 기억이 난다. 그때부터 밤에 자기 전에 현관이 꼭꼭 잠겼는지, 창문은 꼭꼭 닫혔는지 확인했던 것 같다. 집을 나설 때도 현관이 잘 잠겼는지 몇 번이나 확인한다. 집을 나간 후에라도 뭔가 찜찜하면 얼른 돌아와서 문이 잘 잠겼는지를 다시 확인한다. 이 강박은 지금도 이어지고 있다. 다행히 크게 괴롭지는 않다.

찜찜함을 견디는 노출 및 반응 방지 기법

생애 첫 차를 갖게 된 후에는 자동차 문을 잠갔는지 확인하는 습관이 생겼다. 한창 심할 때는 차창이 잘 닫혔는지 손으로 꼭꼭 눌러 보기까지 했다. 힘든 점은 분명히 잠그고 돌아서서 몇 발 걸으면 다시 그 찜찜함이 스멀스멀 올라온다는 것이다. 분명히 잠갔는데, 세 번이나 문을 덜컥거리며 열어 보고, 머릿속으로 '진짜 잠갔다, 정말 잠갔다'를 되뇌기도 했는데, 이 찜찜함은 희한하다. 그냥 올라온다.

이것이 강박사고의 특징이다. 이해할 수 없는 침습적인 생각이 드는 것! 그리고 그 생각 때문에 괴로운 것! 이 괴로움을 해소하기 위해 강박행동으로 옮기지만, 행동은 점점 길어지기만 할 뿐, 결코 좋은 해결책이 되지 못한다. 아니 오히려 증상을 악화한다.

그래서 강박증을 치료하기 위해서는 '찜찜함을 일으키

는 상황'에 스스로 노출한 후, 강박행동을 하지 않고 찝찝함이 사라질 때까지 버티는 '노출 및 반응 방지(exposure and response prevention)' 기법을 사용한다. 이 치료법은 강박장애에 대한 '과학적으로 검증된 치료'로 널리 알려져 있다.

심리학자로서 다행인 점은, 본인에게 문제가 생겼을 때 어떻게 하면 도움이 되는지를 알고 있다는 것이다. 처음에는 정확히 세 번만 확인하고 찝찝함을 견디기로 했다. 그러나 이것은 곧 실패로 돌아간다. 세 번 확인하는 행동 때문에 이런 일이 생긴 것 같았다. 어쨌든 강박행동을 한 것이니 말이다.

그래서 결국 문을 잠그고, 절대로 확인하지 않고, 찝찝해도 그냥 돌아서기로 한다. 심지어 실제로 문이 열려서 모든 것을 도난당한다 하더라도(실제로 잃어버릴 것도 딱히 없습니다만), 그냥 감수하기로 한다. 그 정도로 당하면 절대 잊어버리지 않겠지 뭐, 하는 생각도 있었다. 다행스럽게도 확인하는 버릇은 점점 사라졌고, 찝찝함으로 고생하는 시간도 줄었다. 과학은 역시 배신하지 않았다.

물론 살다 보면 슬금슬금 다시 확인하고 싶은 욕구가 올라오기는 한다. 그러나 그럴 때마다 똑같이 한다. 문을 잠그고, 절대 확인하지 않고, 바로 뒤로 돌아서며, 찝찝해도 견딘다. 재차 확인을 하고 이상한 확인 방법이 따라붙게 되면 다시 괴로워질 것을 알기에, 절대로 확인하지 않기로 한다. 그럼 다시 편해진다.

무심한 아이와 나의 깔끔병

아이를 키우면서 생각하지도 못했던 복병이 나타났다. 나는 깔끔병도 있다. 강박증상이 재미있는 것이, 깔끔병이라 해도 모든 장면에서 깔끔을 떠는 것이 아니다. 자신이 '꽂혀 있는' 장면에서만 그 증상이 나타난다. 나는 내가 앉아 있거나 누워 있을 자리가 더러워지는 것을 참지 못한다.

대표적으로 침대가 그렇다. 과자 부스러기라든지, 음식물이라든지, 심지어는 미세먼지가 심한 날 머리를 감지 않고 베개에 머리를 대는 것도 찝찝하다. 가능하면 자기 전에 깨끗하게 씻고, 깨끗한 옷으로 갈아입고, 나만의 깨끗한 공간에 살을 부비며 자는 것을 좋아한다. 그런 상황에서 과자 부스러기라든지, 미세먼지라든지 하는 것이 있으면 참을 수가 없다. 차라리 그럴 때면 같이 더러워진 다음, 다음 날 모든 것을 빨아 버리기도 한다.

그런데 아이가 있으니 이렇게 괴로워지는 장면이 너무나 잦다. 아이는 당연히 깨끗하게 먹지 못한다. 손에 묻히고, 입 주변에 묻히고, 그걸 자기 옷에 쓱쓱 닦는다. 더 최악은 이 상태로 침대에 가서 손을 비비거나, 소파에 가서 더러워진 손과 옷을 문지르는 것이다. 만약 내가 앉거나 누웠을 때가 아이가 그 오물들을 묻힌 후라면, 그때 느끼게 될 그 찝찝함이 너무나도 괴롭다. 이 글을 쓰고 있는 지금도 가슴이 벌렁거린다. 생각만 해도 싫다.

불안 민감성과 소아 강박증상

나와 증상이 비슷한 많은 부모들이 이때 아이를 바꾸려고 한다. 음식을 먹고 입을 물티슈로 잘 닦고, 손도 야무지게 닦는 것을 가르치려 든다. 과자를 먹을 때는 접시 같은 것을 들고 거기에 대고 음식을 먹는 것을 가르친다. 물론 한 번에 잘하는 아이도 있지만, 많은 아이들이 그렇게 하지 못한다. 그럼 아이는 혼난다. 잔소리를 듣는다. 부모는 아이에게 "왜 이렇게 하지 못해!"라고 짜증을 내며 얘기한다. 그리고 아이에게 짜증을 냈다는 사실로 괴로워한다. 죄책감이 든다. 무한 반복이다.

아이가 어떤 행동을 자연스럽게 익히는 데까지는 시간이 한참 걸린다. 기질상 어떠한 행동은 끝내 연습해도 잘하지 못하는 아이도 있다. 불안 민감성이 높은 아이들은 이 과정에서 소아 강박증상을 보이기도 한다.

물론 이렇게 해도 절대로 강박증상은 보이지 않고 부모 속만 터지게 하는 아이도 있다. 하지만 우리 아이가 어떨지는 실제로 증상이 나타나기 전에는 알 수 없다.

세상에서 제일 바꾸기 쉬운 것은
언제나 '나'라는 사실

부모들이 꼭 알았으면 하는 것은 '아이보다 내가 바뀌기 쉽다'는 점이다. (아이를 남편이나 아내로 바꿔도 무방합니다. 세상에서 제일 바꾸기 쉬운 건 안타깝지만 나 자신입니다). 물론 아이에게 깔끔하게 밥을 먹고 뒷정리하는 법을 가르치는 것도 중요하다. 그렇지만 그 과정이 손과 입에 뭐가 묻을 때마다 손을 닦거나 입을 닦는 방법일 필요는 없다. (이것은 제가 시도했다가 자제하고 있는 방법입니다.) 또 그렇게 하지 못한다고 아이를 과하게 나무라거나 짜증을 내며 얘기할 것도 아니다. (이것은 제가 처음부터도 하지 않으려고 했던 방법이고요.)

문제는 내 뇌는 이미 강박증상으로 생긴 찝찝함에 압도되어 있다는 것이다. 이 상태에서 다른 행동을 하려면 굉장히 적은 인지적 자원으로 일을 처리해야 한다. 아이에게 어떤 행동을 가르치는 행위는 인지적 자원이 많이 소모되는 일이다. 우리 인간은 짜증을 내지 않거나 화를 내지 않는 것에도 인지적 자원을 쓰도록 설계되어 있다.

정리하자면 이런 상황에서는 화를 내거나 짜증을 부리며 얘기하기 십상이라는 점이다. 게다가 아이들의 행동이 바뀌기보다는 부모의 기분만 안 좋아지고 끝날 확률이 더 높다.

내려놓기

결국 내가 선택한 방법은 '내가 참고 말자'였다. 생각보다 쉽지 않다. 내가 나의 괴로움을 견뎌야 하는 것이기 때문이다. 다행이라면 평생 감내할 필요는 없다는 점이다. 아이는 곧 자랄 것이고, 그때는 지금보다는 더 깨끗해질 것이다. 앞서 말한 대로 찝찝함을 견디면 더 이상 나를 괴롭히지 않게 된다.

효과는 제법 탁월했다. 여전히 스트레스를 받은 날에는 아이가 저지르는 만행(?)을 견디기 어렵다. 차라리 그때는 주의를 다른 곳으로 돌리려고 한다. '나중에 한 번 밀고 닦지 뭐'라고 마음을 추스른다. 어쨌든 그 순간에 아이에게 뭔가 하려고 하는 마음부터 내려놓는다.

상황이 종료되고 난 후, 거실 러그에 음식물이 보이거나 밟히거나 하면 청소기를 한 번 돌리는 정도다. 아이에게 뭐라고 하지 않으려 최대한 노력한다. '이 정도는 가르쳐야 되는 거 아닌가?'에 대한 기준은 철저히 아내에게 맡긴다. 나보다는 아내가 더 정상(?) 범주에 가까운 기준을 갖고 있다. 아내가 넘어가면, 나도 넘어간다. 무척 애쓰면서.

그 덕택인지 아이는 현재까지는 강박증상 비슷한 것을 보이지 않는다. 가끔 물이 묻은 옷을 질색하며 갈아입으려고 하지만, 그때도 견디는 법을 가르친다. 그럼 아이도 넘어간다.

비단 강박증상뿐만은 아닐 것이다. 우리가 아이를 혼낼 때 생각보다 많은 부분이 '내가 불편해서'이다. 아이를 위한 것이 아닐 때가 많다.

물론 모두 아이에게 맞출 수는 없고, 아이도 한계라는

것을 알기는 해야 한다. 하지만 내가 참고 견디면 되는 부분이 생각보다 많다는 것을 아이를 키우면 키울수록 잘 알게된다.

내 문제를 아이에게 전달하지 않으려면, 내가 참고 견디는 것을 연습하는 것이 먼저다. 원래 더 사랑하는 사람이 지게 되어 있다. 육아도 마찬가지다.

"안 선생님, 편한 육아가 하고 싶어요!"

1. 아이는 생각보다 많은 부분을 타고납니다. 기질을 억지로 바꾸려고 하지 말고, 아이의 기질을 이해하고 받아들여 보세요.

2. 까다로운 기질의 아이도 성장하면서 자신을 다루는 법을 배웁니다. 절대로 평생 이렇게 행동하지 않습니다. 좀 더 여유를 갖고 아이를 이해해 보세요.

3. 아이는 정확히 당신의 절반을 닮습니다. 아이의 부족한 부분에서 자신의 모습을 발견해 보세요. 훨씬 더 잘 받아들일 수 있게 됩니다.

4. 까다로운 기질의 아이는 변화에 민감합니다. 이를 부정적이고 극적인 감정으로 표현하는 경우도 많습니다. '얘는 원래 이렇구나'라고 받아들이고, 아이의 기분이 나아지면 중립적인 말투로 짧게 지도해 주세요.

5. 아이들도 사회생활을 합니다. 집에서 보이는 안 좋은 모습을 밖에서도 꼭 보이는 것은 아닙니다. '밖에서도 이러면 어쩌지?' 하는 걱정은 놓아두세요.

6. 때로는 다른 부모들과 만나 그 집 아이들이 어떤지를 관찰해 보

세요. 다른 애들도 똑같다는 것을 알면 마음이 많이 편해집니다.

7. 내가 불편해서 아이를 혼내는 것인지, 아이가 정말 누가 봐도 잘 못을 저지른 것인지 찬찬히 생각해 보세요. 내가 바뀌는 것이 훨씬 더 쉽습니다.

—

DJ, drop the beat!

"안 기사, 음악 좀 틀지."

"어떤 음악으로 틀어 드릴까요?"

"아무거나."

"제가 좋아하는 음악 있는데 한번 들어 보시렵니까?"

"그건 싫네."

"그럼, 이 음악은 어떠신지요?"

"그건 들었던 것이지 않나?"

"이건 어떠신지요?"

"아닐세."

"그럼 이건….'"

"아니야!"

회장님과 운전기사의 대화는 아니다. 오늘 아침 아이와 나눈 대화를 조금 각색한 것이다. 아이는 나를 닮아 그런지 음악을 좋아한다. 그 나이 대의 아이들이 모두 듣는다는 〈아기 상어〉를 시작으로 〈핑크퐁〉 동요를 거쳐 내가 가끔 틀어 놓은 가요에도 흥미를 보인다. 그러나 그 기준이 참으로 까다롭다. 아이에게도 취향이라는 게 이렇게 확고한지 몰랐다. 블랙핑크는 되도 에스파는 안 된다. (에스파 팬클럽 MY 여러분들… 저는 에스파 팬입니다.) 블랙핑크 노래에서도 〈붐바야〉는 되지만 〈Pretty savage〉는 곤란하다. (저는 이 노래를 더 좋아합니다.) 가끔 아이가 제목을 '우리 엄마'라고 부르는 〈불장난〉은 또 가능하다. 내가 블랙핑크의 팬클럽 블링크가 된 것은 8할이 아이 때문이다. (그렇습니다. 저는 잡다한 것을 좋아하는 덕후, 일명 잡덕입니다.)

오랜 팬이던 자우림 신보가 나왔을 때였다. 앨범을 듣고 있는데 수록곡 중 〈PÉON PÉON〉이라는 노래를 들을 때 '이거다!' 싶었다. 노래의 시작이 강한 드럼 비트와 함께 〈핑크퐁〉 동요 〈정글의 왕 사자〉를 샘플링한 것이다. (당연히 이 노래는 생상의 〈동물의 사육제〉 중 '사자'를 참고한 것이겠지만, 저는 김윤아 님이 육아 과정에서 엄청 많이 들었을 〈핑크퐁〉 동요라고 굳게 믿습니다!) 신이 나서 아이를 데려오는 길에 조심스레 신곡을 권하였다.

"이 노래는 어떠십니까?" 아이는 말이 없다. 신곡을 들을 때 뭔가 꽂히는 것이 없으면 5초도 지나지 않아 "아니야!"를 일갈하던 분이기 때문에 아무 소리가 없다는 것은 좋은 징조였다. 노래를 듣는다는 소리니까. 4분이 훌쩍 지나간다. "아빠 또 틀어 줘. 빼옹빼옹." 오, 합격이다. 심지어 가르쳐 준 적도 없는 노래의 제목도 정확히 맞췄다. 짜릿하다. 아이의 노래 취향을 맞췄을 때의 쾌감이 있다. 이 노래는 확신이 있었다. 익숙한 선율이지만 어딘지 모르게 강렬하고 고급진(?) 사운드. 아이의 취향일 것이라 예상했는데 맞았다. 신난다.

'혹시나 자우림을 좋아하는 것은 아닐까?' 하여 앨범의 다른 수록곡을 들려주면 어김없이 "아니야!"를 외친다. "그럼 어떤 것을 틀어 드리오리까?" 물어보면 또 "아무거나"라고 대답한다. 그럼 또 고민에 빠진다. 차라리 "이 노래 있잖아. 뿌롱뿌롱뿌롱 하는 거"라고 얘기해 주면 맞히는 재미라도 있다. 한정된 힌트에서 이게 무슨 노래인지 맞추는 희열도 꽤 크다. 아이를 태우고 운전할 때 라디오만 듣도록 교육한 아내는, 아이의 흥얼거림으로 무슨 노래인지를 맞추는 나를 신기하게 바라본다. 그러면 그게 또 그렇게 뿌듯하다. 그러나 아무런 힌트 없이 노래를 고르기는 어렵다. '어떤 노래를 들려줘야 아이도 만족할까?' '그중에서 어떤 걸 골라야 무한 반복이 돼도 괴롭지 않을까?' 이렇게 아이가 좋아할 노래를 고르는 것은 나와 아이의 음악적 취향을 맞춰 나가는 재미가 있다. 아이가 조금 더 크면 음악에 대한 주제로 얘기도 할 수 있지 않을까? 행복한 상상이다.

오늘 아침에도 난 신곡으로 회심의 일격을 준비한다. 한번 허락하면 2개월 정도는 주구장창 들어야 하니 신중해야 한다. 아이는 '반복'으로 세상을 배운다는 것을 알고 있지만, 그래도 힘든 것은 힘든 것이다. 이 노래는 과연 아이의 기준을 충족시킬 수 있을까? 두근두근 맘을 졸이며 재생 버튼을 누른다.

교과서 속
행동 치료 기법,
제대로 활용하기

선천적으로
프로그래밍되어 있는
아이의 행동 기법

나는 대학원에서 '행동 치료'라는 과목을 가르친다. 행동 치료란 '강화'와 '처벌'이라는 학습 원리를 적용하여 내담자를 치료하는 방법이다. TV 프로그램 〈세상에 나쁜 개는 없다〉에 출연하는 강형욱 훈련사가 사용하는 방법도 행동 치료의 원리를 적용하는 것이다. 내 박사 논문의 큰 주제도 '행동 치료'였다.

인지가 아직 발달하지 않은 영유아와 아동의 교육에 행동 치료만큼 효과적인 방법이 없다. 원리는 간단하다.

① 아이의 문제 행동을 잘 관찰한다.

② 어떤 선행 사건에서 문제 행동이 일어나는지를 파악한다.

③ 문제 행동의 결과로 어떤 보상이 주어지는지 관찰한다.

④ 그 보상을 문제 행동이 아니라, 올바른 행동을 할 때 줄 수
   있도록 한다.

즉 문제 행동을 찾고, 어떤 상황에서 이런 행동을 보이는
지 확인한 후, 이 행동의 결과로 무엇이 주어지는지 파악하
는 것이 핵심이다.

장난감을 사 달라고 생떼를 쓸 때

예를 들어 보자. 아이가 마트에 가면 장난감을 사 달라고
생떼를 쓴다. 그러면 부모는 주변 사람들의 눈총도 따갑고,
아이 울음소리도 참기 힘드니 장난감을 얼른 사 주고 만다.
그러면 아이는 '생떼를 쓰면 엄마 아빠가 장난감을 사 주는
군' 하면서 다음에 또 이런 행동을 할 가능성이 크다. 생떼
를 쓰는 행동이 '강화'된 것이다.

다음에 마트를 갔더니 아이는 또 생떼를 부린다. 이런 식
으로 아이의 요구를 들어주다가는 끝이 없을 것 같아서 부
모는 '이번에는 사 주지 않겠어'라고 독하게 마음먹는다. 아
이는 더 떼를 쓴다. 바닥에 눕고 악을 쓴다. 주변 사람들이
웅성댄다. 더는 버티지 못한 부모가 "이번이 마지막이야!"
라고 호되게 야단을 치며 장난감을 사 준다. 생떼의 강도는
더욱 높아진 채로 이 행동은 강화된다. 다음 마트에 갈 때는
어떤 일이 일어날지 예상할 수 있을 것이다.

이런 상황에서는 아이가 올바른 행동을 할 때만 장난감을 사 주는 결단이 필요하다. 마트에 가기 전에 '오늘은 장난감 하나만 사 준다'고 미리 정하고, 떼쓸 때는 "이렇게 떼쓰면 장난감은 사 줄 수 없어"라고 부드럽지만 단호하게 얘기한다. 그리고 아이가 "저 이거 사고 싶어요"라고 말하면 그때 사 주는 것이다. 이렇게 하는 것이 행동 기법을 잘 활용하는 것이다. 그렇다. 교과서에는 이렇게 나와 있다.

웬만해서는 부모가 아이를 이기기 어려운 이유

문제는 부모보다 아이가 행동 기법 면에서는 훨씬 더 고단수라는 점이다. 아이는 선천적으로 강화의 법칙을 이해하고 있다. 특히 '부적 강화(negative reinforcement, 좋지 않은 자극을 제거해 줌으로써 목표 행동이 증가하는 것)'에 탁월하다.

아이가 울고불고 떼를 쓴다고 하자(좋지 않은 자극). 부모는 마지못해 아이가 원하는 것을 사 준다(목표 행동). 그러면 아이는 부모가 싫어하는 자극(떼쓰고 우는 것)을 제거해 준다. 생떼를 그치는 것이다. 그러면 부모는 다음번에 아이가 원하는 것을 들어줄 확률이 증가한다(부적 강화).

아이의 이와 같은 행동은 머릿속에 선천적으로 프로그래밍되어 있다고 해도 과언이 아니다. 웬만해서는 부모가 아이를 이기기 어렵다. 부모는 전두엽을 총동원하여 원리를 적용해야 하는 데 반해, 아이는 아무 거리낌 없이 이런 행동

기법을 구사한다. 아이의 자동화된 프로그램을 단번에 이기기는 어렵다. 그래서 아이의 생떼가 예상되는 곳에 가게 될 때에는 미리미리 준비하는 것이 필요하다. 그래야 겨우 적용이라도 해 볼 수 있다.

왜 참지 못하고 아이에게 화를 냈을까?

반대로 부모의 자동화된 프로그램은 화를 내고, 윽박지르거나, 심하면 때리는 것이다. 원래 모든 동물은 화가 나면 공격하게 되어 있다. 이런 공격에는 화를 내거나, 소리를 치거나, 때리는 등의 행동이 포함된다. 주로 욕구가 좌절되는 상황에서 화가 나기 쉽다.

아이가 울면서 심하게 생떼를 부릴 때 부모에게는 '저 울음소리를 더 이상 듣고 싶지 않다'는 욕구가 강하게 올라온다. 좋은 말로 아이가 울음을 그치지 않으면 부모의 이런 욕구는 좌절되는데, 좌절된 욕구의 크기에 비례하여 화가 더 나게 되는 것이다.

여기서 적절하게 개입하지 않으면 부모의 자동화된 프로그램인 아이에 대한 공격이 진행되고 만다. 그리고 대부분의 경우, 아이를 대상으로 화를 내고 나면 이후에 죄책감과 괴로움이 뒤따른다.

아이들은 울고불고하도록 진화하였다!

육아를 시작하면서, 부끄럽지만 나는 아이를 비교적 잘 키울 줄 알았다. 자신 있었다. '배운 대로 하면 되지 않겠어? 이렇게 말이야.'

① 강화하고 싶지 않은 행동은 철저하게 무시한다.
② 강화하고 싶은 행동을 할 때 반응한다.

그런데 간과한 것이 있었다. 나는 임상심리학자이기 전에 평범한 부모였다는 사실을. 그러기에 아이의 행동과 반응에 커다란 영향을 받는다는 점이다.

아이가 울고불고 떼쓰면 그것을 듣고 있기가 그렇게까지 힘든 줄 예전에는 미처 몰랐다. 물론 어린이병원에서 근무할 때 많은 아이들의 울음을 감내한 적은 있었다. 남의 아이 울음소리는 그나마 버틸 만했는데, 내 아이 울음소리는 참기 힘들었다.

진화심리학의 관점에서 보더라도, 자기 아이의 울음은 더 참기 힘들다. 그래야만 어린아이들이 부모로부터 필요한 것을 얻어 살아남기 때문이다. 그러니 아이의 생떼에 화를 참지 못한다고 해서 자책할 일이 아니다! 그 순간은 애를 쓰고 애를 써 전두엽을 작동시켜야 할 때인 것이다.

자신의 정서를 처리하는 데
이미 큰 자원을 쓰고 있다면

우리 아이는 목청이 워낙 큰 편이고, 예상하지 못한 장면에서 무리하게 고집을 피우며 기분이 쉽게 나빠진다. 그런 순간이 찾아오면 나는 '어린아이들은 정서 조절 능력이 취약하지. 게다가 우리 아이는 기질적으로 좌절을 견디는 능력이 약한 편이야. 그래서 저렇게 좌절 상황이 닥치면 심하게 우는 거야'라는 주문을 되뇐다. 꽤나 효과적이다.

아이가 심하게 보챌 때 '쟤는 대체 누굴 닮아서 저래! (당신이겠죠?) 나는 어릴 적에 안 그랬던 것 같은데(기억의 오류라고 봅니다)'라고만 생각하고 얼른 저 보챔을 막아야겠다는 것만 머릿속에 떠오르면, 화를 내고 소리를 치고 체벌을 하게 된다.

하지만 어린아이들의 특성을 교과서에서 배운 대로 머릿속에 떠올리고 그것을 되새기면 조금은 더 버티게 된다. 무엇을 해야 하는지 알고 이를 행하려고 하면 전두엽이 작동하고, 그러면 자제력이 조금은 향상되기 때문이다.

그래도 이 울고불고 소리를 지르는 행동이 계속되면, 설상가상 주변 사람들의 시선이 집중되면 점점 더 버티기 힘들어진다. 결국 후회하게 될 행동들을 반복하고 만다. 심하게 혼내고, 소리를 지르고, 울음을 그치게 할 수 있는 방법이라면 무엇이든지 다 쓰려고 하는 것이다.

문제는 부모가 느끼게 되는 자책감이다. 아이에게 심하게 굴었다고 생각이 들면, 기분이 매우 좋지 않다. 나란 인간이 너무나도 못난 것 같고, 오죽 못났으면 아이와 싸우겠냐는 좌절과 후회가 밀려온다. 기분이 우울하다.

부모의 기분이 좋지 않다는 것은 위험 신호다. 부모가 기분이 안 좋고 컨디션이 안 좋으면, 뇌는 이런 정서를 처리하기 위해 움직이며, 이 회복 과정에서 인지적 자원을 쓰게 된다.

아이가 다시 생떼를 부릴 때 이를 교과서처럼 잘 대응하려면 큰 자원이 들기 때문에(다행히 반복하면 습관이 되어 더 적은 자원으로 처리할 수도 있지만), 자신의 정서를 처리하는 데 이미 큰 자원이 쓰이고 있다면, 아이에게 제대로 대응할 자원이 줄어드는 것이다. 결국 충동적으로 화를 내고 후회할 행동을 하기 쉽다.

부모의 정신적 상황이 좋아야 아이에게 잘해 줄 수 있다. 아이에게 베푸는 자애는 부모의 좋은 컨디션에서 비롯된다. 내가 기본적으로 못나고 나쁜 부모라서 잘 못하는 것이 아니라, 내 상태가 그만큼 안 좋아서 아이에게 잘하지 못하는 것이다. 그래서 아이를 잘 키우고 싶다면, 먼저 나를 잘 돌보는 것이 중요하다.

한 명의 당근과 한 명의 채찍은 곤란하다

부부는 서로 잘 돌보고 응원해야 한다. 부모 중 한 사람이 아이에게 소리를 지르거나 화를 심하게 냈다면, 배우자에게 바로 "애한테 왜 그래!"라고 하는 것보다는 나중에 흥분이 가라앉은 후에 "그럴 만했어. 여보, 요즘 힘들었잖아? 나라도 그랬을 거야" 하고 공감해 주고 죄책감을 덜어 주는 것이 좋다.

육아에서는 부모는 가능한 한편이 되는 것이 현명하다. 한 명의 당근과 한 명의 채찍보다는 부모는 같은 입장을 가지고 일관된 태도를 보여 주는 것이 좋다.

부모 한 명이 아이에게 훈육을 하고 있다면, 그 방식이 마음에 들지 않더라도 그 순간에는 같은 편이 되거나 뒤로 물러나 있자. 그래야 훈육이 된다. 그러고 나서 부부끼리 나중에 육아 방식에 대해 이야기 나누며 조율해도 늦지 않다. 조율은 아이가 없는 장소에서 차분히 하는 것이다. 서로 흥분한 채로 아이 앞에서 하게 되면 다툼밖에 되지 않는다.

인내심이 바닥났을 때
알아차림 연습

아이한테 부쩍 화를 자주 내고 있다면 자신의 상태가 안 좋은 것은 아닌지 체크해 보자. 작은 일에도 크게 화가 난다면 분명히 이전부터 조금씩 쌓여 온 무언가가 있을 것이다. 지금 슬슬 터지기 시작한 것일 뿐.

꼭 직접적으로 아이에게서 비롯된 화가 아닐 수도 있다. 아이를 어린이집에 데려다주느라 직장이나 약속에 자꾸 늦는다든지, 경제적인 어려움이 생겼다든지, 직장이나 대인관계에서 스트레스를 받는 일이 늘었다든지…. 이런 일들은 모두 아이에게 보일 수 있는 인내심과 자애로움을 갉아먹는다. 그러면 꼭 아이가 한 잘못에 비해 크게 화를 내고 만다.

본인 상태를 알아차리자. 알아차림은 연습을 하면 는다. 지금 본인의 상태가 좋지 않음을 알아차렸다면, 훈육을 위한 적절한 타이밍은 아니다.

배우자가 옆에 있다면 차라리 배우자에게 "지금 내 상태가 좋지 않으니 아이를 좀 맡아 달라"라고 얘기하고 물러나서 진정하는 편이 낫다. 아무도 없고 아이와 둘이 있는 상황이라면 차라리 아무 것도 하지 말자. 심호흡, 복식호흡을 하고 끓어 넘치는 분노에 찬물을 한 컵 부어 넣어야 할 때다.

화가 끓어 넘치지만 않으면 바람직한 행동을 할 수 있는 기회가 찾아온다. 그러면 아이가 울고불고했더라도 아이와 관계를 해치지 않고 잘 마무리할 수 있다. 불필요한 죄책감도 없이 말이다.

나에게는 칭찬을, 배우자에게는 격려를,
그리고 귀여운 악마에겐 애정을

심리학 전공자인 나도 사실 잘하지 못한다. 매번 다짐하고 내 상태를 알아차리려고 노력해도, 여지없이 무너지는 날들이 있다. 공교롭게도 그런 날 꼭 과하게 아이를 혼내거나 후회할 짓을 하게 된다.

그렇다. 우리가 못나서 못하는 것이 아니라, 이건 원래 굉장히 어려운 일이다. 다만 이전과는 다르게 행동하려고 노력하고 조금씩 변화하려고 애쓰는 것이다. 그래야 올바른 육아에 점점 더 가까이 다가갈 수 있고, 자신의 기분도 좋아진다.

이토록 힘든 길을 가고 있는 자신에게는 무한한 칭찬을, 함께하고 있는 동료에게는 격려를, 나를 힘들게 하는 그 귀여운 악마에게는 애정을 주는 것이 어떨까? 그렇게 조금씩 어제보다 나은 부모가 되면 되는 것이다.

감정의 이유

• • •

아이의 마음을
읽어 준다는 것에
대하여

"아기는 이유 없이 울지 않는다"
라는 말이 있다. 말을 잘하지 못하는 유아에게 해당하는 표현이다. 하지만 언어라는 도구로 자신의 상태나 욕구를 표현하기 어려워하는 어린아이들에게도 해당될 수 있다. 언어가 아직 충분히 발달하지 않은 경우(충분히 발달한 어른들도 마찬가지지만), 자신의 감정을 표현할 수 있는 방법이 한정되어 있다. 그중 진화적으로 가장 쉽게 쓸 수 있고 효과적인 것이 바로 '울음'이다.

아이의 울음은 듣고 있기 힘들다. 특히 악을 쓰거나 떼쓰는 것에 울음까지 섞이면 더욱 신경을 거스른다. 나이가 들어서는 절대 낼 수 없는 소리와 함께 바닥에서 발버둥 치며 내는 울음. 생각만으로도 힘들다.

아이들이 이토록 생떼의 달인이 된 이유는 울음이야말로 아이들의 생존 기제이기 때문이다. 아이의 울음은 부모가 아이의 욕구를 들어주는 행위의 빈도를 증가시킨다. 앞서 살펴본 부적 강화의 원리다. 아이는 본능적으로 이미 훌륭한 행동주의 심리학자인 셈이다. 아이는 그렇게 부모를 길들인다.

모든 감정에는 이유가 있다

때로는 아이가 갑자기 왜 우는지, 왜 이렇게 심하게 난리를 치는지, 왜 이런 감정을 쏟아내는지 의아할 때도 있다. 특별한 이유가 없어 보인다. 그러나 모든 감정에는 이유가 있다.

우리는 흔히 이성과 감정을 서로 별개의 것으로 생각하지만, 심리학 이론에서 이성은 감정의 한 부분을 차지한다. 미국의 윌리엄 제임스(William James)와 덴마크의 칼 랑게(Carl Lange)의 이론에 따르면, 정서는 '상황 - 인지 - 신체 반응 - 행동 - 느낌' 순서로 구성되어 있다. 즉 정서가 일어나는 과정은 어떤 상황에 대한 해석 이후, 이에 대한 신체 반응이 따르고, 얼굴 표정 등을 포함한 행동이 시작되며, 이모든 것을 알아차리는 것이 정서의 느낌 부분에 해당하는 것이다.

숲에서 곰을 만나는 상황이라면;

① 곰을 목격하고,

② 곰이 나를 해칠 수도 있다는 생각이 들며,

③ 심장이 빨리 뛰기 시작하고,

④ 표정이 겁에 질리며 도망가는 행동을 하게 되고,

⑤ 이 모든 것을 경험하는 것이 바로 '공포'라는 감정이 된다.

이렇듯 감정에는 우리가 감정을 느끼는 이유에 해당하는 '인지(생각)'가 명백하게 존재한다.

잠깐 숨을 들이쉬고 내뱉고 나서
감정의 이유를 물어보기

육아 교과서에서 빼놓지 않고 등장하는 "아이의 마음을 읽어 주세요"라는 경구 역시 감정의 이유를 충분히 생각해 보라는 말로 이해해도 된다.

아이가 갑자기 울면서 생떼를 부린다고 가정해 보자. 아이가 울기 전에 어떤 일(상황)이 있었는지 알아보니, 별일이 없다. 아빠가 신발장에서 신발을 꺼내서 주었을 뿐이다. 그런데 아이는 왜 울었을까? 아마도 신발장에서 자신이 '원하는' 신발을 자기가 '직접' 꺼내고 싶었던 듯하다(이유). 그렇다면 마음을 읽어 줄 때는 이렇게 하면 된다.

"네가 직접 신발을 꺼내고 싶었는데 아빠가 꺼내서
속상했어?"

"응!"

"그래, 그러면 아빠가 다시 넣을 테니 네가 꺼내 보자."

이렇게 하면 아이가 원하는 것을 얻었기 때문에, 조금씩
울음을 그친다.

하지만 대부분 이 대목에서 "뭐 이런 걸 갖고 울어?", "빨
리 가야 해. 얼른 신어. 안 그러면 혼난다" 등의 대응을 하게
되고, 이러면 아이는 여전히 원하는 것을 얻지 못했기 때문
에 더 크게 울고 떼쓰게 된다. 그러면 부모는 더 크게 혼내
고, 아이는 더 크게 소리치고, 결국 아이도 부모도 모두 기
분이 상한 채로 현관문을 나서고 만다.

아이가 의사소통이 가능할 정도로 큰 경우라면, "어떤
점 때문에 기분이 상했어?"라고 직접 물어볼 수도 있다. 하
지만 아직 아이가 어리다면 부모가 짐작한 몇 가지 이유를
말하고, 그중에서 고르게 하는 것이 훨씬 도움이 된다. 아이
의 기분을 이해하려고 노력하는 것만으로도 아이의 생떼 시
간은 줄일 수 있다.

하지만 이 역시 쉽지 않다. 욱하게 되고, 화가 나면 전두
엽이 잘 돌아가지 않는다. 그래서 충동적으로 행동하게 된
다. 이런 장면에서는 잠깐 숨을 들이쉬고, 아이 감정의 이유
에 집중할 수 있도록 의식적으로 노력해야 한다. 연습하면

된다. 생각보다 어렵지는 않다. 그저 한번 "흡" 하고 참고, 생각을 해야 한다. 그러고는 짜증과 화는 잠시 내려놓고 중립적이거나 친절한 말투로 물어보면 좋다.

마음을 헤아리려는 시도만으로도
아이와의 관계는 좋아진다

"아이의 마음을 읽어 주세요"가 어려운 이유는 사실은 어떻게 하는지 잘 모르기 때문이다. 부모도 자신의 기분이 '좋다', '나쁘다'고만 표현할 수 있지 '어떻게' 좋고 나쁜지 잘 모르기 때문인 경우도 많다.

이럴 때는 감정의 이유를 곰곰이 생각해 보자. 그런 이유라면 어떤 감정이 생길 것 같은지 짐작해 보자. 그리고 이를 아이에게 전달해 주자.

아이의 마음도 남의 마음이다. 어디 남의 마음을 읽기가 쉬운가. 그 마음 읽기가 틀릴 수도 있고 정확하지 않을 수도 있다. 그래도 괜찮다. 이 과정에서 아이의 마음을 조금이라도 헤아리게 되고, 그것만으로도 아이와의 관계는 이전보다 조금 더 좋아지기 때문이다.

잘 못해도 괜찮다. 심리학자도 잘 못한다. 꾸준히 노력하면 된다.

생떼 다스리기

. . .

감정 주도 행동을 멈추고
적절한 행동에
집중하는 법

나는 우리 아이가 기질적으로 좀 예민하고 까다로운 아이라고 생각한다. 이런 아이들은 부모의 육아 난이도가 대부분 높은 편이다. 다른 아이들은 부모의 지시로 어느 정도 통제가 되는 데 반해, 까다로운 아이들은 통제가 힘들기 때문이다.

까다로운 아이와 사는 것은 결코 쉬운 일이 아니다. 일단 무엇을 하게 하는 데 몇 배의 노력이 든다. 어린이집을 가는 데도 부모 말을 비교적 잘 따르는 아이들에 비해 시간이 훨씬 오래 걸린다. 당연히 아침부터 아이와 다투게 되고, 힘들게 겨우 어린이집에 데려다준 후에는 아이를 지나치게 혼낸 것은 아닐까 하는 후회와 죄책감과 좌절감에 또 힘들다.

까다로운 아이들은 수면의 질도 좋지 않은 경우가 흔하

다. 잠도 자주 깨고, 평소와 다른 환경에서 잠을 자는 것도 어렵다. 밤잠이 힘들었으면 아침이라도 나으면 좋겠건만, 이 아이들은 아침에 깰 때 기분이 좋지 않을 때가 많다. 수면의 질이 좋지 않았기 때문일 가능성이 크고, 아직 각성 수준을 조절하는 능력이 부족하기 때문일 수도 있다.

각성 수준은 적절하게 조절되지 않으면 불쾌감으로 남는다. 주의력 결핍 및 과잉행동 장애(ADHD) 아동들이 부산한 모습을 보이는 것은 평소 각성 수준이 지나치게 낮기 때문에 과도하게 행동해야 자신이 '편안한' 각성 수준을 유지할 수 있기 때문이다. 예민한 아이들도 각성 수준이 만족할 수준으로 올라오기 전까지는 기분이 나쁜 경우가 많다.

감정 주도 행동 멈추기와
적절한 행동에 집중하기

예민한 아이들은 생떼를 부릴 때도 남다르다. 지속 시간과 강도가 상상을 초월한다. 가끔 공공장소에서 목격하는 바닥에 누워 울면서 난리를 치는 아이들은 기질적으로 까다로운 아이일 가능성이 크다.

까다로운 아이들이 이렇게까지 하는 것은 부모의 잘못이 아니다. 이 아이들은 욕구 좌절로 인해 생기는 부정적인 감정이 다른 아이들에 비해 훨씬 크고, 감정을 조절하는 능력이 아직 많이 부족하기 때문에 이렇게 표현하는 것이다.

물론 과거에 울고불고할 때 부모가 자신이 원하는 것을 들어주었기 때문에 이런 행동이 강화되었을 가능성도 있다.

아이가 이렇게까지 심하게 생떼를 부린다면 부모는 창피하기도 하고 화도 많이 난다. 즉 여러 부정적인 감정에 휩싸이게 된다. 감정의 파도에 휩쓸리면 적절한 행동을 하기 어렵고 감정 주도 행동을 하기 십상이다. 감정 주도 행동이란, 그 감정에 함몰되어 반사적으로 행위하는 것을 일컫는다. 예를 들어 화가 났을 때 무엇인가를 부수고 공격하거나 욕하고 소리를 지르는 것, 불안할 때 그 상황을 회피하거나 그곳에서 도망가는 것 등이 해당된다.

감정 주도 행동은 진화 과정에서 생긴 것으로 선사시대에는 인간의 생존을 유리하게 만든 전략이었다. 예를 들어 누가 내 음식을 빼앗아 간다면 화를 내며 이를 공격함으로써 내 것을 지킬 수 있었다. 그러나 요즘에는 감정 주도 행동은 부정적인 결과를 초래하기 쉽다. 화가 날 때마다 누군가에게 소리를 지르거나 욕을 한다면 문제가 될 것이다. 특히 그러한 행위의 대상이 내가 사랑하는 사람들이라면 더욱 그렇다.

그렇다면 이럴 때는 어떻게 해야 할까? 단순히 참는 것은 도움이 되지 않는다. 참는다는 것은 자신의 욕구를 억누르는 것이고, 이는 에너지 소모가 심한 전략이다. 이럴 때는 '적절한 행동을 하는 것'에만 집중해야 한다.

'알아차리기'를 통한 후회할 행동 줄이기

첫 번째 적절한 행동은 '알아차림'이다. 아이의 심한 생떼를 지금 여기서 당장 멈추는 것에 집중하지 말고, 그냥 현재 자신의 상태를 알아차린 후 이 시간이 지나갈 수 있게 놓아두는 것이다.

만약 화가 너무 나서 힘들다면 차라리 잠시 그 장소를 떠나는 것도 방법일 수 있다. 화가 크게 났을 때는 아무 것도 하지 않는 편이 낫다. 화는 시간이 조금 지나면 터지지 않을 정도로는 가라앉는다. 무언가를 해도 그때 해야 한다. 분노에 휩싸인 상태에서는 감정 주도 행동을 보일 수밖에 없다. 분노의 감정 주도 행동은 대부분 후회할 짓으로 이끈다.

감정을 감정 그 자체로 경험할 뿐, 감정 주도 행동을 보이려는 욕구를 알아차리고 멈출 수 있으면 해당 감정에서 오는 불편감만 경험할 뿐, 그 이상으로 악화되지 않을 수 있다. '아, 내가 지금 화가 많이 났구나'라고 알아차리고, 감정 주도 행동으로 옮기고 싶은 욕구까지 알아차리는 것, 그리고 그냥 놓아두는 것만으로도 후회할 행동을 줄일 수 있다.

'무시하기'를 통한 한계 설정하기

아이가 생떼를 부릴 때 할 수 있는 부모의 또 다른 적절한 행동은 '무시하기'이다. 아이의 안전을 보장하는 한도 내에서 아이의 부정적인 행동은 무시하는 전략이다. 아이가 원하는 것을 들어주는 것도 안 되고, 아이를 계속 쳐다보는 것도 안 된다. 마치 아이가 없는 것처럼 평소 하던 행동을 지속하면 된다.

물론 아이가 더 심하게 울 수 있고, 더 심하게 떼를 쓸 수 있다. 사실 이때가 제일 어렵다. 그래도 지금 여기서 부모가 해야 하는 적절한 행동은 바로 '한계를 설정하는 것을 가르치는 것'이다.

'한계 설정하기'를 가르치는 좋은 방법 중의 하나는 아이가 어떤 행동을 해도 '안 되는 것은 안 된다'는 것을 알리는 것이다. 이는 말이 아니라 행동으로 가르쳐야 한다. 아이가 아무리 생떼를 부려도 부모가 반응하지 않으면 아이는 울음을 그친다. 아이의 기질에 따라서 이 시간이 엄청 긴 아이도 있다. 너무 힘들지만, 견뎌야 한다. 한 번만 잘 견디면 다행히 두 번째, 세 번째는 조금 더 수월해진다. 그러나 그 한 번을 견디지 못하면, 다음에는 조금씩 더 어려워진다.

정말 큰맘 먹고, 한 번을 잘 견디자. 아이의 울음이 너무 듣기 힘들다면 블루투스 이어폰, 귀마개나 휴지 등으로 귀를 막는 것도 좋다. 지금 아이에게 적절하게 행동하고 있다고 자신을 다독이는 말을 반복하는 것도 도움이 된다. 나는 잘하고 있다. 자신을 격려하는 것은 생각보다 효과가 크다.

관심을 기울이고 회복하기

이 모든 과정이 끝나고, 아이가 생떼를 멈춘다면, 바로 그때가 관심을 기울여야 할 때이다. 아이가 적절한 행동(울음을 그친다든지, 누웠던 장소에서 일어난다든지, 부모에게 다시 적절한 태도로 말한다든지)을 시작할 때 관심을 두고, 말을 들어주는 것이 좋다. 그리고 아이의 기분이 조금 나아지면 반드시 회복의 시간을 가져야 한다. 아까 울며 떼쓸 때 아이의 기분이 어땠는지, 부모의 기분은 어땠는지를 공유하고 사과할 것이 있으면 사과한다.

명심해야 할 것은 이러한 사후 평가는 아이의 흥분이 가라앉고 기분이 나아졌을 때 해야 한다는 점이다. 기분이 나아지지 않은 상태로 이를 진행하면 그저 자극만 줄 뿐이다. 굳이 아이의 사과를 받아내려 노력하지 않아도 된다. 진정한 사과는 아이의 기분이 풀렸을 때, 스스로 하고 싶을 때 해도 늦지 않다.

부모로서 해 줄 수 있는 것은 그저 아이의 기분을 이해하려 노력하고, 그런 기분이 들 수 있지만, 기분 내키는 대로 행동을 해서는 안 될 때가 있다는 것을 천천히 가르치는 것뿐이다.

육아는 모 아니면 도가 아니다

부모가 아이의 생떼를 교과서 같은 방식으로 대처하기는 어려운 일이다. 특히 아이의 울음과 고집을 그대로 받아내기란 정말 쉽지 않다. 숱하게 실패하고 좌절할 수도 있다. 그래도 어제보다 오늘 좀 더 나아졌다면 그런 나를 칭찬해주자. 이는 부부끼리도 마찬가지다. 아빠가 이전보다 조금이라도 잘하게 되었다면 엄마가 아빠를 칭찬하자. 엄마도 이전보다 생떼에 대처하는 것을 좀 더 적절하게 했다면 아빠가 엄마를 격려하자.

아이의 생떼에 적절하게 대처하는 것은 모 아니면 도가 아니다. 그 사이에 개와 걸과 윷이 항상 존재한다. 어제 도를 던졌더라도 오늘 걸이 나왔다면 잘한 것이다. 어제 모를 던졌지만, 오늘 도가 나오더라도 실망하지 말자. '도'도 엄연히 한 칸 나아간 것이다. 그렇게 조금씩 노력하다 보면, 좀 더 잘 대응하게 되고, 다행히 아이의 생떼도 줄어든다.

. . .

무조건 안 된다고 하기 전에 '정말' 안 되는지 판단하기

아이와 싸우는 일은 대체로 별일 아닌 것에서 시작한다. 그날도 진짜 별일 아니었다. 나와 아내는 오랜만에 뒷산 산책길을 걷고 싶었고, 겨울이라 바람이 차서 아이에게 외투를 입히고 산책하고 싶었다. 아이는 차에서 자다 일어나서 기분이 안 좋았는지 안아 달라고 엄마를 보채고(아빠한테는 잘 안기지 않습니다. 아빠는 안는 것을 너무 좋아하는데 말이지요), 엄마는 "옷 입고 안아 줄게"라고 했을 뿐이다.

우리 아이는 열이 많다. 그래서 나와 아내는 추운데도 아이는 추워하지 않는다. 평소 같으면 '자기가 추우면 입겠지'라고 생각할 텐데, 마침 3개월 내내 감기를 달고 살았고, 의사 선생님도 "아이에게 찬바람 쐬지 마세요"라고 단단히 일러둔 터였다. 그날따라 바람도 좀 부는 편이라 먼저 외투를 입히고, 안아서 조금 걸은 다음, 여긴 위험하니 안아 줄 수 없어, 조금만 걷자, 하고 아이를 설득할 요량이었다.

아이의 떼가 심해지기 전,
부모의 마음에 폭풍이 일어나기 전

무슨 생각에서인지, 아이는 절대로 외투를 입지 않겠다고 고집이다. "안 추워? 아빠는 이렇게 추운데?" 아무리 얘기해도 안 춥단다. 그리고 계속 안아 달라고 성화다. 아이의 떼가 심해지기 전이자 부모의 마음에 폭풍이 일어나기 전인 지금, 선택을 잘 해야 한다. 외투를 입히지 않고 그냥 안아 줄 것인가, 기어이 외투를 입히고 걷게 할 것인가.

생각해 보면 '기어이' 외투를 입힐 필요도, 굳이 안지 않고 걷게 할 필요도 없었다. 아이도 아이의 컨디션이 있으니 말이다. 아이는 자다 깨서 기분이 좋지 않고(아빠를 닮아서 그런지 잠이 덜 깼을 때 엄청 예민합니다), 마침 친구랑 뛰어놀아서 노곤할 터이다. 그렇다. 지나고 나니 그냥 안아 주었어도 됐을 것 같다.

계속 "옷을 입어라", "싫다"를 반복하다 보니 아이는 짜증이 났다. 생떼가 심해지고, 악을 쓰고 자기는 걷지 않겠다, 옷도 입지 않겠다, 고집불통이다. 심리학자인 아빠는 '아이가 생떼를 쓸 때 아이가 원하는 것을 들어주면, 생떼 쓰는 행동이 강화된다'는 것을 이론적으로 너무 잘 알고 있다.

여기가 중요한 타이밍! 생떼가 심해지기 전에(실은 생떼를 피우기 전에) 원하는 것을 들어줄 것인가, 아니면 강하게 부모가 원하는 것을 관철시킬 것인가를 결정해야 할 때이다. 조금 더 늦어지면 아이의 생떼는 더 심해지고, 부모의 선택지는 사라진다. 결심했다. 잘못된 행동은 강화하면 안 된다. 이제 아이와 실랑이가 시작된다.

엄마 아빠는 단호해지기로 했다

"안 돼. 네가 원하는 것을 들어줄 수 없어."

엄마 아빠는 단호해지기로 했다.

"싫어, 안아 줘!"

"옷 입으면 안아 준다니까? 안 추워?"

"안 입을 거야! 안아 줘."

악을 쓴다. 우리 부부의 (지키려고 굉장히 노력 중인, 그러나 너무나 어려워서 번번이 실패하는) 육아의 대원칙은 '아이가 생떼를 피울 때는 들어주지 않는다'이다.

"이렇게 소리 지르고 울고불고하면 안 들어줄 거야. 이제 진정해."

당연히 쉽지 않다.

아이의 정서 조절 능력은 성인보다 월등히 떨어진다. 정서 조절은 성인에게도 쉽지 않다. 원하는 것을 눈앞에서 들어주지 않을 때, 아이는 더 크게 절망하고 더 크게 괴로워한다. 이미 처음으로 돌아가기에는 늦었다.

생떼를 피울 때는 긍정적이든 부정적이든 관심을 주지 않아야 한다. 철저하게 무시한다. 아이는 땅에 주저앉고, 발버둥을 치고, 심지어 눕는다. 강박증상이 있는 아빠는 이를 보는 것만으로도 무척 괴롭다. 아이는 아빠가 뭘 싫어하는지 정확히 알고 있다. 그래도 참는다. 강박증상은 버텨야 사라진다. 아이에게 관심을 주지 않으며(않는 척하며) 산책길로 향한다.

아이는 갑자기 신기술을 선보인다. 생떼를 부리면 엄마 아빠가 전혀 상대해 주지 않으며(잘못된 행동에 강화를 주지 않기 위해) 갈 길을 가는 것(실은 가는 척하는 것이지만)을 알기 때문인지 갑자기 엄마의 바짓가랑이를 붙잡고 놓아주지 않는다. 움직이지 못하게 막는다. 그새 조금 컸다고 힘이 제법이다. 손쉽게 떨어뜨려 놓고 가기는 힘들다. 이제 더 크게 울고 난리를 친다.

지나가는 사람들이 관심을 보인다. 할머니, 아주머니 들이 도와준다고 "너, 그럼, 우리 집에 데리고 간다"라든지, "엄마 잘 따라가야 착한 아이지" 등의 말을 아이에게 건넨다. 아이는 본능적으로 안다. 부모가 이렇게 주변 사람들에게 관심받는 것을 싫어한다는 것을. 이때다 싶어 더 크게 울고, 도와주려는 할머니와 아주머니에게 못되게 소리친다. 그렇게 산책로는 우리 아이의 울음소리로 가득 채워진다.

이 순간을 잘 버텨야 보람이 있다

하지만 부모도 육아 기술이 는다. 이제 이 정도의 관심은 아무렇지도 않다. "도와주셔서 감사합니다. 괜찮아요. 그런데 말 거시면 더 오래 소리치는 아이예요." 부드러운 말투로 관심은 고맙지만 그냥 가 주십사 요청 드린다.

아이는 역대급으로 소리치고 짜증을 부리는데, 부모는 의외로 차분해진다. 우리도 그동안의 경험으로 안다. 이 순간을 잘 버텨야 아이의 생떼를 감내한 보람이 있다는 것을. 아이에게 다음 두 가지를 알려 줄 좋은(하지만 너무 괴로운) 기회인 것이다.

① 생떼로는 원하는 것을 얻을 수 없다.
② 감정을 잘 추스리고 차분하게 원하는 것을 적당한 목소리로 얘기해야 부모가 들어준다.

물론 중간중간에 흥분이 되고 화가 난다. "너한테 절대로 닌텐도를 주지 않을 거야! 오늘은 닌텐도 못해. 이렇게 말을 듣지 않으면 절대로 게임은 할 수 없어"라고 소리치기도 한다. 그런데 이렇게 말했다면 반드시 지켜야 한다. 그렇지 않으면 아이가 어차피 줄 것을 알기 때문이다.

아이가 움찔한다. 그래도 아직은 몇 시간 뒤의 보상을 얻기 위해 자신이 하기 싫은 것을 참기는 어려운 나이다. 아직 흥분은 가라앉지 않는다. 계속 "안아 줘! 안아 줘!"를 연발한다.

"그만 울고 조용히 말해! 저 위에까지만 가면 안아 줄 거야."

아이는 믿지 않는다.

"저기 위에 가기 싫어. 지금 안아 줘! 지금 안아 줘! 지금! 지금!"

다시 선택의 순간

다시 선택의 순간이다. 오늘은 우리의 산책을 포기한다. 옷 입히는 것은 이미 포기고, 이미 산책할 분위기도 아니다. 이즈음에서 아이와 타협해 본다. 최대한 억누르고 중립적으로 말하려 애쓴다.

"소리 지르지 말고, 조용히 말해. 무엇을 하고 싶은지 말해 봐."

아이는 약간 수그러든다.

"안아 주세요."

나름 조용히 잘 말했다. 이때는 보상을 주는 것이 옳다. 아내가 아이를 안는다. (역시 아빠한테는 오지 않습니다.) 그리고 토닥토닥 달랜다. 엄마는 흥분이 조금 가라앉자 얘기한다.

"오늘은 아까 말한 대로 너무 말을 듣지 않고 소리치고 생떼를 부려서 게임은 할 수 없어. 이건 엄마 아빠가 꼭 지킬 거야."

아이는 그래도 하게 해 달라고 얘기하기는 하지만 아까처럼 울고불고 떼는 쓰지 않는다. 다행이다. 더 이상 실랑이는 하지 않고 우리는 산책을 포기하고 차로 돌아온다.

한번 말한 것은 지켜야 한다

아이는 차에서 입이 삐쭉 나와 있다. 그래도 잘못한 것은 알았는지 늘상 틀어야 하는 〈신비아파트〉 주제가는 틀지 않아도 된다고 한다. 집에서 게임을 하기 위한 수작이다. 노래를 듣지 않았으니 게임을 하겠다는…. 하지만 부모도 산책을 포기한 이상 게임은 양보할 수 없다. 한번 말한 것은 지켜야 한다. 그래야 아이에게 하는 말이 먹힌다.

집에 도착한 아이는 오늘 선물받은 장난감을 갖고 놀자말한다.

"먼저 씻고 놀아. 너 아까 흙에서 뒹굴어서 씻어야 해."

"아니 그래도 먼저 놀고 하면 안 돼?"

"안 돼."

엄마는 단호하다. 산책을 포기한 이상, 아이에게 우위를 점한 이상 지금부터는 밀고 나가는 것이다.

아이는 뭐라 말을 하려다 말고 이내 옷을 벗고 씻는다. 그리고는 아빠에게 쪼르르 와서 "아빠 장난감 갖고 놀자"라고 한다. 이것은 게임이 아니니까 아빠는 잘 놀아 준다. 실컷 놀고 나니 역시 게임이 하고 싶다.

"아빠 게임하면 안 돼?"

"아까 말했잖아. 오늘은 안 돼. 오늘 네가 말을 너무 안 듣고 생떼 부려서 안 된다고 했지?"

"그래도 하고 싶은데."

조금 전처럼 생떼를 부리지는 않는다.

"너 말 안 들어서 안 돼."

"잘 들을게!"

"아빠가 그걸 어떻게 믿지? 아까도 그런다고 해 놓고서 떼쓴 거잖아?"

"잘 들을게!"

"그럼 아빠가 지켜보겠어. 지금부터 말 잘 들으면 아빠가 게임하는 거 생각해 볼게."

아이는 정말 게임이 하고 싶었나 보다. 갑자기 장난감을 정리하러 간다. 아빠가 저녁을 준비하는 사이 아이는 "아빠 정리가 너무 힘들어!"라고 얘기하면서 방에서 뭔가를 부스럭거린다. "엄마 아빠가 얼마나 힘들게 정리했는지 알겠지?"라고 말하니 "응" 하고 또 한 번 수긍한다. 저녁에 먹을 매운탕을 끓이는 동안 아이는 뭔가를 부스럭거리더니 이내 의기양양하게 말한다.

"아빠 다 정리했어!"

"그래 어디 한번 보자!"

방으로 가 보니 어제 만들다 부서진 빨대 블록을 깔끔

하게 정리해 놓았다. 순간 '야, 이렇게 할 수 있는 아이였잖아?' 하며 묘한 배신감도 느껴진다. 그래도 "아주 잘했네! 엄청 깔끔한걸?" 하고 칭찬한다. "좋았어. 이제 밥만 잘 먹으면 아빠가 게임 생각해 볼게"라고 말한다.

아이는 엄마가 삭삭 비벼 놓은 장조림 간장 밥을 TV를 보면서 깨끗하게도 삭삭 먹는다.

"다 먹었어!"

마찬가지다. '이렇게 깔끔하게 이 많은 양을 혼자 다 먹을 수 있는 아이였다고?' 배신감을 또 느낀다. 그래도 이정도면 흡족하다. 집에 오자마자 씻었고, 정리도 잘 했고, 밥도 잘 먹었다.

"좋아. 게임해도 돼. 단 9시에는 끄고 자야 해."

"응!"

아이는 신이 나서 게임을 한다. 어이없지만 나도 아내도 피식 웃고 만다.

전투에서는 패배할지라도 전쟁에서는 승리를

생각해 보면 역시 별일 아니었다. 안아 달라고 했을 때, 옷 입기 싫다고 했을 때 그냥 원하는 대로 해 주었으면 이런 소란은 생기지 않았다. 지나가던 몇몇 분들에게 한소리는 들었을 수 있지만…. 그래도 오늘 우리 부부를 칭찬하고 싶다.

교과서에 나오는 만큼 완벽하게 하지는 못했고, 아이를

잘못 다룬 부분도 많다. 그래도 전체적으로는 역대급 생떼임에도 아주 크게 화를 내지도 않았으며, 결국 우리가 원하는 것도 이루었다.

아이는 내일도 말 잘 들어야 게임을 할 수 있다는 약속을 하고 생각보다 빨리 잠자리에 든다. 뒷산 산책길 전투에서는 패배했을지언정, 아이와의 전쟁에서는 승리한 오늘이다.

칭찬의 기술

• • •

칭찬은 '굳이' 해야 하는 것

부모 교육을 할 때면 칭찬의 중요성을 유독 강조하게 된다. 아이의 바람직한 행동을 강화하는 가장 쉬운 방법이 칭찬이기 때문이다. 그러나 칭찬에는 기술이 필요하다.

육아를 하면서 아이의 잘못된 행동을 지적하기는 쉽다. 눈에 잘 띄기 때문이다. 아이가 높은 곳에 올라가면 "안 돼! 내려와!" 한다든지, 물건을 던지면 "물건 던지지 말라고 했지!" 하면 된다.

반면 칭찬은 어렵다. 교육을 받으러 오는 분들께 아이들에게 칭찬을 더 자주 해 주십사 얘기하면, "잘하는 것이 있어야 칭찬을 하죠"라는 대답이 돌아올 때가 많다. 그런데 칭찬은 '굳이' 해야 한다. 아주 작은 행동이라도 그것이 바림

직한 행동이라면 굳이 찾아서 칭찬해야 한다.

예를 들어, 아이가 사탕을 먹고 싶다고 얘기하는데 짜증 섞인 목소리로 "사탕 먹을래, 사탕 줘!"라고 할 때는 "짜증 내지 말고 말하라고 했지?"라고 말하기는 쉬워도 아이가 실제로 차분한 톤으로 "엄마 사탕 먹고 싶어요"라고 얘기할 때 "잘했어. 그렇게 말하니까 엄마도 기분이 좋네"라고 하기는 어렵다. 바람직한 행동은 '당연한 행동'으로 인식하기 때문이다. 그 당연하고도 마땅한 행동을 일부러 칭찬하는 것이 칭찬의 중요한 기술 중 하나다.

찾아내서 칭찬하기, 강화하기

한동안은 이렇게 '굳이 찾아내는 칭찬'을 신경 써서 했다. 아이가 소리를 지르면서 무엇인가를 요구하거나 떼를 쓰는 톤으로 말하면, "'아빠, 주스 먹고 싶어요'라고 해 봐"하면서 어떻게 말해야 하는지 일일이 가르쳤다.

만 3세 아이는 아직 아무 것도 모른다. 자신이 소리를 지르면 엄마 아빠가 기분이 안 좋을 수 있다는 것도 알지 못한다. 그래서 어떻게 말하는 것이 적절한지에 대해서 가르쳐주고, 아이가 그것을 잘 따라하면, "잘했어. 네가 그렇게 말하니까 기분이 좋네"라고 얘기해 주고 원하는 것을 들어주었다.

아이도 처음에는 원하는 것이 생길 때 곧잘 바람직한 태도로 말했고, 그 행동을 정착시키고 싶었던 나로서는 놓치지 않고 그 행동에 대한 강화를 진행한 것이다.

힘들게 칭찬과 보상으로 만들어 놓은 바람직한 행동은 어느새 사라지고…

그런데 왜 이처럼 쉬운 칭찬을 생활 속에서 이어 가지 못하는 걸까? 부모가 아이의 행동에 익숙해지기 때문이다. 물론 아이의 모든 행동에 칭찬과 강화를 줄 필요는 없다. 처음에는 아이가 바람직한 행동을 할 때마다 강화를 하면, 그 행동을 학습할 확률이 높다. 그러나 어느 정도 행동을 익혔다 싶으면, 매번이 아니라 어쩌다 한 번 강화를 주더라도 그 행동은 지속된다. 이것을 '간헐적 강화'라고 한다.

간헐적 강화는 강화의 효과가 탁월한 방법으로, 사람들이 도박에 빠지는 이유를 설명하는 이론이다. 예측할 수 없을 때 강화가 주어지면 보상을 얻고자 하는 행위자는 어쩔 수 없이 그 행동을 계속 해야 하기 때문이다.

간헐적 강화의 핵심은 바로 '강화물'에 있다. 어쩌다 한 번일지라도 '큰 보상'이 따르기 때문에 도박이 이어지는 것이지, 보상이 충분하지 않으면 간헐적 강화는 효과를 보기 어렵다. 예를 들어 어쩌다 100원씩 딴다고 생각해 보자. 100원 때문에 도박을 하지는 않을 것이다.

부모가 섬세하게 아이의 행동을 관찰하고 적절한 행동

에 강화를 주는 것에 약간 무뎌지는 순간, 아이도 부모를 길들이기 시작한다. 앞서 살펴본 '부적 강화'다. 그래서 정신을 차려 보면, 기껏 힘들게 칭찬과 보상으로 만들어 놓은 바람직한 행동은 어느새 사라지고, 다시 소리 지르고 떼쓰는 아이가 눈앞에 나타나는 것이다.

'적절하게 잘 말했다'는 사실은 칭찬으로, '안 되는 이유'에 대해서는 간단하고 확실하게

요즘 우리 아이는 원하는 것이 있을 때 (굳이 그럴 필요가 없는 상황에서도) 소리치고 떼쓰듯이 말하는 경우가 부쩍 늘었다. 가는 말이 고와야 오는 말도 곱다. 아이가 이렇게 말하면 부모도 언성이 높아지게 마련이다. 그러면 사건의 가벼움에 비해 심한 고성이 오가고, 많은 경우 부모는 기분이 나빠진 채로 아이가 원하는 것을 들어주게 된다. 자포자기에 부모는 점점 익숙해진다.

집에서는 워낙 자주 있는 일이라 그러려니 했는데, 오랜만에 보는 할머니와 할아버지께도 소리를 지르는 것을 보고 '아뿔싸' 했다. 나는 다시 아이에게 "아빠는 이제부터 소리를 지르면서 뭘 해 달라고 하면 들어주지 않을 거야. '아빠 ○○ 하고 싶어요' 이렇게 말해야 들어줄 거야"라고 얘기하고 다시 바람직한 행동을 강화하기 시작했다.

지금부터가 중요하다. 바람직하지만 눈에 잘 띄지 않는

행동을 아이가 했을 때 바로 보상해 주어야 한다. 물론 아이는 영악해서, 부모가 들어줄 수 없는 일에도 마치 만능열쇠처럼 '예쁜 말'을 사용할 수도 있다. 이때는 "차분하게 하고 싶은 것을 얘기하니까 아빠는 너무 좋아. 잘했어. 그런데 지금은 네가 하고 싶은 것을 해 줄 수 없어. ○○하기 때문이야"라고, '적절하게 잘 말했다'는 사실은 칭찬으로 강화하고, '안 되는 이유'에 대해서는 간단하고 확실하게 말해야 한다.

보상과 소거

다시 올바른 행동을 강화할 때는 평소 같았으면 잘 들어주지 않았던 것도 '바람직한 행동'을 했을 때는 슬쩍 들어주는 것도 나쁘지 않다. 다행히 이전에 학습했던 행동은 다시 나오는 데 처음만큼 오래 걸리지 않는다. 아이도 생각보다 빨리 '어떻게 말해야 원하는 것을 얻는지' 알게 된다.

원하지 않는 행동은 소거에 들어가야 한다. 즉 아이가 소리를 지를 때는 '절대로' 원하는 것을 주지 않는 것이다. 그리고 바람직한 태도로 얘기할 때에는 들어줄 수 있는 것이라면 원하는 것을 들어준다. 잊지 않고 이러한 과정을 반복하면 된다. 하지만 이론만큼 실전은 쉽지 않다.

· · ·

되는 것과
안 되는 것을
명확하게 구별하기

오늘 아침 우리 아이는 안방에서 오랜만에 자기가 좋아하는 만화를 보고 있었다. 아이가 어린이집에 갈 시간이 되어 가고, 집을 나서기 전에 간단히 아침밥을 먹어야 하기에 엄마는 "부엌에 나와서 먹으면서 봐"라고 얘기한다. 큰 TV로 보는 만화가 좋았던지 아이는 "아니야. 여기에서 볼래"라고 대꾸했다. "엄마는 너 안방에서 보면 TV 끌 거야. 나와서는 볼 수 있어. 하지만 여기서는 안 돼"라고 한계를 설정해 주지만 아이도 "싫어! 여기서 볼 거야!" 하고 떼쓰기 시작한다.

말한 대로 엄마는 TV를 끄고 밖으로 나간다. 이때 아이가 "엄마, 나 안방에서 보고 싶어요" 하고 아주 바람직한 태도로 말을 한다. 아쉽게도 떼쓰던 아이에게 지쳐 있던 엄마는 이를 살짝 놓치고 말았고, 아이는 두어 번 더 말해도 반응이 없자 이내 다시 "여기서 볼 거야!" 하고 큰소리를 치기 시작한다. 아침부터 아이와 싸우고 싶지 않았던 엄마는 '묵인'으로 아이가 안방에서 만화 보기를 허용하고 만다. 아쉽지만 오늘 아이는 '소리를 지르면 여전히 원하는 것을 얻을 수 있다'는 것을 학습하고 말았다.

처음 거절할 때가 가장 중요하다

만약 시간을 되돌린다면, 엄마는 어떻게 하면 좋았을까? 여러 장면에서 대안이 가능하다. 일단 아이가 "안방에서 볼래!" 하고 떼를 쓰려고 할 때다. "엄마는 네가 큰소리를 치며 얘기하면 들어주지 않을 거야. '여기에서 보고 싶어요' 하고 얘기하면 들어줄 거야"라고 했다면, 아이는 감정이 더 격해지기 전에 바람직한 행동을 했을 것이다. 물론 엄마가 말한 대로 주방 식탁에서 먹는 것이 더 좋겠지만, 오랜만에 안방에서 아침을 먹으면서 어린이집에 갈 준비를 해도 괜찮다면 아이의 요구를 들어주는 것도 나쁘지 않다.

아이의 요구를 처음 거절할 때가 중요하다. 먼저 '지금 아이가 하는 요구를 들어주는 것이 가능한가? 아니면 절대로 불가능한가?'를 판단할 필요가 있다. 큰 목표가 '아이가 늦지 않게 간식을 먹고 어린이집에 가는 것'이라면 아이의 요구를 들어줄 수도 있다. 간식만 먹고 늦지 않게 출발하는 과정에서 안방에서 먹으면 안 된다는 규칙은 불필요하기 때문이다. 그러나 큰 목표가 '일정한 장소에서 먹는 것을 학습시키는 것'이라면, 아이의 요구를 거절하는 것이 맞다.

아이가 태도를 바꾸면 나의 태도도 바꾼다

두 번째는 위에서 말한 대로 아이가 떼를 쓰다 말고 "엄마, 나 안방에서 보고 싶어요" 하고 적절하게 말했을 때다. 이때는 협상이 가능하다. 아이가 소리를 치다가 바람직한 행동을 보인 것이기 때문에, 강화도 중요하지만 부모도 조건을 걸 수 있다. "대신 간식 빨리 먹고 옷 갈아입고 이거 끝나면 바로 나가는 거야" 하는 식으로 말이다.

결과적으로 아이는 '바람직하게 행동해야 원하는 것을 얻는다'는 것을 학습할 수 있고, 부모는 '제시간에 간식을 먹여 어린이집 가기'라는 목표를 이룰 수 있다.

욕구는 시원하게, 한계는 명확하게

마지막으로는 아이가 소리를 치며 요구할 때는 '절대로' 원하는 것을 얻을 수 없다는 것을 경험하게 하는 것이다. 제일 힘든 작업이다.

아이는 자신의 욕구를 충족하지 못하니 떼를 많이 쓰고 울 것이다. 이미 '안방에서 TV 보는 것은 안 된다'고 정했으면, 과정은 힘들지만 아이에게 이를 경험하게 하는 것이 좋다. 그래야만 소리를 치며 요구하는 행동이 소거될 수 있기 때문이다.

아이가 몰래 TV를 다시 켜도 다시 와서 *끄고* "여기서는 더 이상 TV를 볼 수 없어. 나와서는 볼 수 있어"라고 하며 한계를 설정해야 한다. 되는 것과 안 되는 것을 명확하게 구별해 주는 것이다. 그럴 때에야 비로소 그 과정은 힘들지라도 아이에게 바람직한 태도를 가르칠 수 있다.

우리 부부도 오늘 아침에는 위에 말한 대로 잘 하지 못했다. 일종의 반성문이자 복기라고 할까? 그러나 '이렇게 했으면 좋았을걸'을 자주 생각하는 것은 육아 과정에서는 큰 도움이 된다. 그래야 나중에 비슷한 상황에서 부모로서, 양육자로서 바람직한 행동을 할 수 있게 된다. 부모는 실수하고 잘못할 수도 있다. 그것을 과도하게 탓할 필요는 없다. 그냥 오늘 두었던 '육아 바둑'을 복기하면서 다음에는 조금 더 나아지기 위해 노력하고 연습하면 된다. 그러면 우리는 좀 더 나은 부모가 되어 있을 것이다.

변화의 시작

・・・

'오늘은 꼭
나쁜 버릇을 고쳐 놓겠어'라고
마음먹었다면

우리 아이는 어린이집으로 출발해야 하는 그 시간, 갑자기 시리얼을 먹겠다며 고집 피우는 일이 잦다. 진작 먹겠다고 했으면 미리 주었을 텐데(심지어 물어봤을 때는 괜찮다고 하면서), 꼭 나가야 하는 그 타이밍에 얘기하는 것도 재주다. "지금은 먹고 갈 수 없어. 차에서 먹는 건 어때?" 어차피 우리 아이는 시리얼을 우유 없이 과자처럼 먹으니 차에서 먹을 수 있다. "싫어, 지금 먹을 거야!" 이미 아이의 목소리 톤은 높아질 대로 높아졌고, 짜증이 잔뜩 묻어 있다.

얼른 그 소리를 없애고 싶다. 그렇게 하면 결국 아이가 원하는 것을 들어주게 되고, 이는 아이의 짜증을 강화하는 결과를 초래한다. 이론으로는 잘 알지만, 이를 적용하는 것은 매번 어렵다. 아이의 짜증에 부모의 감정이 압도되기 때문이다.

잘 달래서 일단 차에서 먹기로 한다. 그렇지만 어린이집으로 향하는 모험은 지금부터 시작이다. 우리 아이는 어린이집에 갈 때 마음에 드는 신발을 스스로 고르는 루틴이 있다. 주로 계절에 전혀 맞지 않는 것을 굳이 신고 가겠다고 고집을 부린다. 외부 활동이 있는 날이니, 엄마 아빠는 아이에게 운동화를 신으라고 한다. 하지만 아이는 꼭 발에도 잘 맞지 않는 헐렁이는 슬리퍼를 신고 간다고 한다. 한겨울에는 털신을 신어도 발이 시릴 텐데, 샌들을 꼭 신어야겠다고 한다.

아이 있는 집에서는 늘 경험하는 일이라고는 하지만, 우리 아이는 누구를 닮았는지(그렇습니다. 저예요. 그래서 할 말이 없습니다), 고집이 무지막지하다. 그래서 가뜩이나 늦은 아침 신발장 앞에서 실랑이를 하고 울리고 달래는 일이 일상이 되었다. 늘 그렇게 아이도 부모도 기분이 좋지 않은 아침이 시작된다.

어쩌면 지옥과도 같았던 어느 아침

어찌어찌하여 아이를 차에 태운다. 이미 진을 뺀 아이는 차에 타서도 아무 말도 하지 않는다. 아빠도 기분이 좋지 않다. 아침부터 아이에게 언성을 높였으니 말이다. 소심한 복수로 항상 틀던 아이가 좋아하는 음악이 아닌 내가 듣고 싶은 음악을 조용히 튼다. (크게 틀면 또 뭐라 그럽니다.) 아이는 뒤에서 불만에 가득 찬 표정으로 시리얼을 씹는다.

다행히 별일 없이 어린이집 앞까지는 도착한다. 그래서 차를 주차하려고 하는 그때, "여기 말고! 다른 데!" 앙칼진 목소리가 차 안에 울려 퍼신다.

아이에게는 이상한 요구사항이 있다. 어린이집 앞에 주차를 하려 하면, "여기 차 주차하지 마! 다른 곳에 해!" 하며 어깃장을 놓는다. 전방 주차를 하려 하면 "이렇게 차 대지 마! 뒤로 가게 해!"라고 한다. 말을 들어주려고 후방 주차를 하려 하면, "이 칸 말고 저 칸에 해!"라며, 아빠 입장에서는 '불필요한' 요구를 수없이 한다. 처음에는 말로 달래 본다. "오늘은 늦었으니까 여기 그냥 대고, 내일은 너 원하는 대로 해 줄게." 당연히 통하지 않는다. 아이의 인생에서 내일은 너무 멀리 있는 날이다. 아마도 아침에 신고 싶었던 샌들을 겨울이라 신지 못하게 한 것이 기분이 나빴나 보다.

아이가 원하는 주차 위치인 어린이집 바로 앞에는 차를 대지 말라고 들었던 터라, "여기에 주차하면 안 된대. 다른 곳에 대야 해"라고 말해 보지만, 아이에게는 통하지 않는다. "앞에 대!" 벌써 소리를 바락바락 지르기 시작했다. 한숨을 한 번 쉬고(이건 잘한 것입니다), 아이가 원하는 곳에 차를 대려 한다. "여기 말고! 더 더 더 더 더 들어가!" 아이가 원하는 곳에 겨우 차를 주차한다. 원장 선생님의 요구는 멀지만, 아이의 생떼는 너무 가까우니 어쩔 수 없다.

이미 내 기분도 많이 상했다. 그래도 꾹 참고 최대한 부드럽게 (하지만 이미 부드럽지 않게) 얘기한다. "자, 그럼 갈까?" "시리얼 다 먹고 내릴래!" 여기까지도 기다려 준다. "이제 가자" 하는데 "마스크!" 아이의 마스크를 찾아서 목에 걸어 준다. "아빠가 씌워 줘!" 소리를 지른다. 아마 여기까지였나 보다. 나도 터졌다. "네가 소리 지르면서 아빠한테 얘기하면 안 들어줄 거야."

문제의 시작 혹은 사건의 발단

요즘 부쩍 소리 지르는 일이 잦았던 탓일까? 그냥 여기에서는 한번 참고 아이를 웃으며 들여보내면 내 하루도 기분 좋게 시작할 가능성이 컸다. 그런데 결국 그렇게 하지 못한다.

항상 '오늘은 꼭 나쁜 버릇을 고쳐 놓겠어'가 문제를 만든다. "아빠가 해 줘!" "소리 지르면 안 해 줄 거야!" "해 줘!" 아이가 때린다. "때리면 안 돼!" 목소리가 높아졌다. "엄마한테 갈래! 엄마 보러 갈 거야!" 울음이 터졌다. 더 이상 실랑이를 하면 나도 아이도 너무 힘들다. 흥분이 가라앉는 데도 시간이 걸린다.

아이를 번쩍 안는다. 어린이집으로 가는데 "신바아아아알!" 하고 고함을 친다. 하필 새로 받은 헐거운 신발을 신고 왔다. 신발이 땅에 떨어져 나뒹군다. 다시 돌아가 신을 신기고 이번에는 걸어간다. "엄마한테 갈 거야!" 또 소리 지르며 운다. "아빠가 그냥 안고 갈 거야"라고 인상을 쓰며 말한 후 다시 번쩍 들어 안는다. 아이는 발버둥을 친다. 추운 날씨임에도 입지 않겠다고 난리를 쳐서 손에 들고 있던 외투는 바닥에 떨어시고 신발도 나뒹군다. 어쩔 수 없다. 일단 어린이집 안으로 집어넣는다. "안녕하세요, 아버님…." 새로 오신 선생님은 적잖이 놀란 표정이다. 아이를 땅에 내려놓고 밖에 나가 외투를 집고, 신발을 찾아 다시 들고 온다. 이미 아이는 자기 반으로 올라갔나 보다. "선생님, 아이 옷 여기 두고 갈게요." 서둘러 말씀드리고 나온다. 기분이 좋지 않다. 아이도 기분이 좋지 않을 것이다.

꼭 이래야 할까?

그러던 어느 날 문득 이런 생각이 들었다. '꼭 이래야 할까?' 아이는 언어를 이해하는 능력이 부족하고, 미래를 예측하는 능력도 떨어지며, 경험을 통해 배울 수밖에 없는 존재다. 그렇다면 아주 위험한 일이 아니라면, 직접 경험해 보는 것도 괜찮지 않을까? 군이 부모가 기질적으로 고집이 센 아이를 꺾으려다가 부모도 아이도 기분이 상한 채로 아침을 시작하는 것은 어리석은 일이 아닐까?

기분 좋은 아침은 누구에게나 중요하다. 아이도 그렇고,

부모도 그렇다. 그래야 일에 더 집중할 수 있고, 아이에게 더 잘해 줄 수 있다. 이런 생각이 들자 나는 아이에게 맞춰 보기 시작했다. 아이가 무엇인가를 원하면 '굳이 안 맞출 필요가 있나?' 잠깐 생각해 보고(여기가 좀 중요하긴 합니다), 해 줘도 되는 일이면 해 주기로 했다.

여기서 '해 줘도 되는 일'의 범위가 비교적 넓다. 예를 들어, 겨울날 아침에 "아빠 나 스파이더맨 슬리퍼 신고 갈래"라고 하면, "날이 추운데 괜찮겠어?" 정도로 말하고, ("날이 추워서 안 돼!"가 아니고, 부모의 염려는 딱 한 번 정도만 말하기로 했습니다. 이게 길어지면 또 잔소리가 되니까요.) "응!"이라고 대답하면 "그러자"라고 인정해 주었다. (그래도 혹시 몰라 운동화를 따로 챙겨 나가기는 합니다.)

아침에 시리얼을 갑자기 먹겠다고 하면, "차에서 먹으면 안 돼?" 하고 묻고, "싫어. 여기서 먹을 거야"라고 대답하면 시간을 잠깐 가늠해 본 뒤, "그러자. 대신 시곗바늘이 저기까지 가면 나머지는 차에서 먹어야 해" 하고 말한다. 이렇게 바꿔 보니 생각보다 '절대로 안 되는 일'은 많지 않았다. 이렇게 며칠 살아보기로 했다.

불필요한 제한이 생떼를 만든다

그러자 놀라운 일이 벌어졌다. 애가 아침에 신발장 앞에서 짜증을 내지 않는다. 울지도 않고, 심지어 기분이 좋아

보인다. "오늘은 아빠가 좋아!"라는 말도 들었다. (이게 쉬운 일이 아닙니다.) 나도 덩달아 기분이 좋다. 주차를 편하게 해도 별말을 하지 않는다. 심지어 아빠한테 "아빠 안녕, 좀 이따 봐"라는 인사도 한다. (우리 아이는 정말 오랜 시간 동안 너무나도 쿨하게 어린이집으로 들어갔지, 아빠한테 다녀오겠다는 인사를 하지 않았습니다.) 이 인사를 들었다는 것에 가슴이 찡해져서 촉촉하고 기분 좋게 하루를 시작한다. 수업 시간에 농담도 재밌게 나온다. 학생들도 좋아한다. 아니 이 좋은 것을 왜 진작 하지 않았을까?

아이가 스스로 경험하게 하면 많은 것이 해결된다. 정말 엄청나게 큰일이 아니면 그냥 하게 내버려 둔다. 자신이 스스로 불편함을 느껴 보고, 추운 날씨도 체험하고, 양말도 젖는 일이 반복되자 아이는 한겨울에 굳이 슬리퍼를 신겠다고 예전만큼 고집하지 않는다. 꼭 나가는 타이밍에 먹어야 했던 시리얼은 언제나 아빠 엄마가 먹을 수 있게 하니 예전만큼 집착하지 않는다.

아이가 원하는 것을 자꾸 제한하면, 하고 싶은 것을 할 수 있는 그 기회가 소중해져서 불필요한 떼를 쓰는 일이 잦아진다. 하지만 언제든지 내가 원하는 것을 얻을 수 있다 생각하면, 굳이 집착하지 않는다. 그냥 기분 좋게 집을 나서서 즐겁게 어린이집에 들어간다. 이렇게 쉬운 일이었다니…. 그냥 잠시 멈춰 생각해 보고, 정말 큰 문제가 아닌 일은 하게 해 주자 일상의 많은 부분에서 변화가 일어났다.

물론 이렇게까지 하지 않고 말로 "추워서 안 돼." 한두 마디 정도로 수긍하는 아이들도 있다. 그러나 기질적으로 좀 까다로운 아이라면 이렇게 아이의 요구를 들어주는 것도 괜찮은 일이다. 아이의 행동을 바꿔서 내 걱정이나 염려를 가라앉히려는 것보다, 아이와 부모 둘 다 기분 좋게 하루를 시작하는 것이 훨씬 더 현명하다. 그러면 부모와 아이의 관계도 좋아진다.

부모는 자녀의 바람을 들어주는 존재

'애가 평생 이렇게 버릇없이 마음대로 살면 어떡하지?'라는 생각은 내려놓기로 하자. 아이도 전두엽이 커 나가면 욕구를 조절하는 법을 배울 터이다. 전두엽은 25세까지는 변화한다. 아이도 그때까지는 자신의 기질을 적절히 다루는 법을 배울 것이다.

심리상담을 하는 선배가 그랬다.

"부모는 자녀의 욕구를 들어주는 존재가 되어야지, 방해하는 존재가 돼서는 안 돼."

그 말이 오래도록 기억에 남았다. 아이가 부모를 생각할 때 '엄마 아빠는 내가 원하는 것을 들어주는 사람'이 되면 자연히 관계가 좋아질 것이다. '엄마 아빠는 항상 내가 원하는 것을 방해해'라고 생각하면, 자연히 부모 자녀 관계는 나빠질 수밖에 없다.

부모로서는 상당히 억울한 일일 수도 있지만, 이는 흔히 일어나는 일이다. "엄마 아빠가 나한테 해 준 게 뭐가 있어!"라는 말이 괜히 나오는 것이 아니다.

아이도 시행착오를 할 수 있게 도와주자. 아이가 원하는 것은 큰 문제가 없는 한 들어주자. 모든 요구를 다 들어줘서 버릇없이 키우는 것과는 다르다. 아직 감정 조절이 잘 되지 않는 아이가 감정이 격해지기 전에 욕구를 풀어주고, 한계를 명확히 설정하는 것이다.

아이가 원하는 행동에 무조건 '안 된다'고 하기 전에 잠깐만 생각해 보자. 더 착하고 더 귀여운 아이를 만나게 될 것이다.

"안 선생님, 편한 육아가 하고 싶어요!"

1. 부모뿐 아니라 아이도 부모를 길들입니다. 행동 기법은 매우 효과적인 방법이지만, 아이와 나는 상호 영향을 주고받으므로 일관되게 적용하기 어려울 수 있습니다. 자신의 상태를 미리 알아차리고 아이가 내게 미칠 영향력에 대비하세요.

2. 아이 감정의 이유를 한번 생각해 보세요. 그 이유를 아이에게 들려주는 것이 아이의 마음을 읽는 방법입니다.

3. 자동화된 감정 주도 행동은 후회를 낳습니다. 자신의 감정을 알아차리고 잠깐 멈추는 것만으로도 후회할 행동을 줄일 수 있습니다. 이후 적절한 행동을 아이에게 해 보세요.

4. 아이가 원하는 것을 들어줄지 거절할지는 아이의 요구에 대답하기 전의 짧은 시간 동안 신중하게 결정해야 합니다. 아이 행동으로 인한 뒤처리를 감내할 수 있는 수준이라면 아이의 요구를 한번 들어줘 보세요.

5. 칭찬은 '굳이' 신경 써서 해야 합니다. 아이가 바람직한 행동을 보이는 그 찰나의 순간을 놓치지 마세요.

6. 한계 설정은 중요합니다. 해서는 안 되는 행동은 끝까지 해서는

안 되는 것입니다.

7. 아이가 경험을 통해서 스스로 깨달을 수 있도록 도와주세요. 아이가 원하는 것을 자꾸 제한하면, 그 기회를 놓치지 않으려고 떼 쓰는 일이 많아집니다.

부모가 걱정하는 대부분의 일은
일어나지 않는다!

제주 구좌읍 월정리에 갔다. 예전에 제주에 갔을 때 바다가 너무 예뻤던 기억이 나서 그 동네에서 묵고 싶었다. 바다가 보이는 복층 구조의 숙소에서 아내와 와인을 기울이며 편히 쉬고 있는 저녁이었다. 아이가 갑자기 아이폰의 기본 프로그램인 '거라지 밴드(garage band)'에서 예시로 주어지는 비트를 틀더니 침대 위에서 그 비트에 맞춰 춤을 추기 시작했다. 보통 아이들은 생글생글 웃으며 개다리 춤이나 아기 상어 춤 따위를 추지 않나? 그런데 우리 아이는 얼굴 근육을 희한하게 움직이며 심각한 표정으로 절도 있는 춤을 추기 시작했다. '아, 이걸 어디서 봤더라?' 이 표정과 춤은 여성 댄스 크루들의 서바이벌 TV 프로그램 〈스트리트 우먼 파이터〉(이하 〈스우파〉)에 나왔던 허니 제이의 모습이었다.

아내와 나는 〈스우파〉를 너무 좋아했다. 그래서 아이를 재워야 할 시간이 되었음에도 TV를 틀어 놓고 아이와 같이 보는 일이 잦았다. 아이도 〈Hey mama(헤이 마마)〉를 즐겨 듣고 누구나 다 아는 "헤이 마마마~ 헤이 마마마~" 하는 부분을 따라 부르기도 했다. 그랬던 아이가 갑자기 프로그램이 종영한 지 한참이 지난 그날 저녁 월

정리 바닷가 펜션에서, 자기 나름대로 해석한 춤을 멋지게 추는 것이었다.

아내와 나는 너무나 신기하고 좋아서 공연(?)이 끝나자 열화와 같은 박수를 쳐 댔다. '와, 이건 동영상 각이다.' 아이는 신이 났는지 또 다른 비트에 자신의 몸을 맡긴다. 비트가 끝나자 아이는 세상 뿌듯한 표정과 거만한 몸짓으로 춤이 끝났음을 알린다. 이어지는 엄마 아빠의 박수. 그 조그마한 아이의 얼굴에 뿌듯함이 번진다.

이렇게 몇 곡이나 이어서 춘다. 비슷한 동작은 별로 없다. 중간중간 살짝살짝 아기 상어 율동이 들어가기는 하지만, 계속 그것만 추지는 않았다. 자기 나름대로 TV에서 본 춤을 자신만의 느낌으로로 표현해 냈다. 그리고 비트가 끝나면 귀신같이 엔딩 포즈를 잊지 않았다.

아내와 깔깔거리며 춤을 몇 곡이나 관람했다. 아이는 힙합 비트에 몸을 맡기고는 마지막 엔딩 포즈에서 지금까지 한 번도 하지 않은 손짓을 한다. '어라?' 욕이다. 알고 하는 것은 당연히 아닐 텐데 양쪽 가운뎃손가락을 멋들어지게 올리는 포즈를 취한다. 엄마 아빠는 기겁한다. "안 돼! 이런 손모양은 나쁜 말이야!" 부모는 놀랐다. "아니야 나쁜 거 아니야!" 갑자기 아이가 통곡한다. 당연히 멋진 포즈라고 생각했을 것이고 엄마 아빠의 박수와 환호를 기대했을 텐데, 부모가 기겁을 하며 "나빠!"라고 하니 얼마나 놀랐을까? 진짜 대성통곡이다. 엄마 아빠는 그 모습이 너무 귀여워서 안아 준다. "엄마 아빠가 놀라서 그랬어. 그런데 그 손모양은 하면 안 돼." "아니야 안 나빠. 할 거야!"

아이와 좀 실랑이를 하다가 깨닫는다. 하면 어떤가? 지금 문제는 아이의 흥이 깨지고 자신의 예술 세계를 이해하지 못한 부모에 대해 아이 자존심(?)에 상처가 난 것인데. "알았어. 괜찮아. 다시 춰 봐." 아빠가 달래 보려 했으나 이미 늦었다. "싫어, 춤 안 출 거야." 단단히 삐졌다.

결국 그날은 춤을 추지 않았다. 입이 댓 발이나 나왔다. 그 토라진 모습도 너무너무 귀엽다. 한편으로는 아이에게 심했나 하는 생각도 들었다. 다음 날 저녁, 회복의 시간을 마련했다. "어제 엄마 아빠가 네가 손짓한 것 때문에 뭐라 그래서 기분 나빴어?" "응. 화났어." "네가 화날 줄은 몰랐어. 미안해. 춤추고 싶을 때 다시 춰도 돼." "음, 그러면 손모양 해도 돼?" 진짜 회심의 포즈였나 보다. "응. 괜찮아. 해도 돼." '설마 어린이집에서 하지는 않겠지? 에이, 또 하면 어떤가. 진짜 욕을 한 것은 아닌데.' 그런 손짓을 해서는 안 된다는 것을 알기에는 우리 애는 아직 너무 어리다.

아이는 기분이 나아졌는지 다시 비트를 고르고 춤을 추기 시작한다. 하지만 어제만큼 자신 있게 가운뎃손가락을 치켜들지는 못한다. 부모가 걱정하고 놀라는 것이 문제다. 부모가 걱정하는 대부분의 일은 잘 일어나지 않는다.

이때 일을 잘 넘겼는지, 아이는 종종 다시 춤을 추곤 한다. 할아버지 할머니 앞에서 공연도 했다. 이때는 또 어디서 보았는지 핑크퐁 아기 상어 모자를 머리에 힙하게 눌러쓰고 춤을 췄다. 다행히 손가락 포즈는 하지 않았다. 춤의 빈도가 늘어서 엄마 아빠가 노래가 끝났음에도 손뼉을 치지 않으면, "박수 쳐야지?" 하고 요구하기도 한다. 방심하면 안 된다. 아이가 춤을 출 때는 끝까지 집중하고 환호를 보내야 한다. 혹시 모른다. 아이가 아이돌이 되어 아빠한테 빨간 스포츠카를 사 줄지도. '아이여, 아이돌이 되어라!' 아빠는 응원봉을 흔들 준비가 되어 있단다!

Part 04
———
감정

아이의 감정도 부모의 감정도
똑같이 중요합니다!

주. 〈아이 스스로 감정을 조절하는 법을 배우게 하려면〉과 〈아이에게 적응적인
정서 도식 선물하기〉의 '정서 도식'과 '감정이 우리에게 하고 싶은 말' 관련
설명은 다음 두 책을 참고했습니다.
《정서도식치료 매뉴얼, 심리치료에서의 정서조절》, 로버트 L. 리히 외 지음,
손영미·안정광·최기홍 옮김, 박영스토리.
《아파도 아프다 하지 못하면》, 최기홍 지음, 사회평론.

아이 스스로
감정을 조절하는 법을
배우게 하려면

나는 게임을 좋아한다. 참 좋아한다. 초등학교 1학년 때인가, 친구 집에서 '재믹스'라는 게임기로 오락을 해 보았을 때부터 시작됐을 것이다. 밥 먹을 시간이 지날 때까지 놀다 들어오는 아들을 본 어머니는, 내가 왜 그렇게 늦게 오는지 들으시고는 군말 없이 게임기를 사 주셨다. 그때도 '어? 엄마가 왜 이렇게 쉽게 게임기를 사 주지?' 하고 의아해했는데, 아이를 키워 보니 남의 집에 오랜 시간 동안 신세를 지고 있는 아이가 짠하기도 하고 그 댁에 미안하기도 하셨던 것 같다.

그때부터 내 게임 인생이 시작됐다. 예전 게임기는 화질이 좋지 않아서 눈이 금방 나빠졌는데, 이 때문에 어머니는 지금도 후회하고 계신다. 너무 일찍 게임을 하게 해 주었다고. 어쨌든 게임기로부터 시작해서 PC 게임까지 참 오랜 기간 동안, 나는 게임을 해 왔다.

크로스로드라는 드넓은 초원을 친구들과 함께 뛰어다니며 몬스터들을 잡았던 〈와우(World of Warcraft)〉라는 게임이 있다. 이 게임에는 '평판'이라는 제도가 있다. 쉽게 말하면 어떤 부족과 '확고한 동맹'을 맺으면 아이템을 주거나 그 동네 시장을 이용할 수 있거나 하는 식이다. 많은 유저들이 힘들게 평판을 높이기 위해 노력했다. 그리폰 깃털을 모은다든지, 곰발바닥을 모아서 가져간다든지….

그렇지만 이것은 정말 시간이 오래 걸리는 작업이었다. 지루할 만큼 오랜 시간 동안 사냥해서 아이템을 모아 갖다 바쳐야 했다. 그렇게 애써 노력해도 평판은 겨우 눈곱만큼 오를 뿐. 나는 그런 단순 반복 '노가다'를 별로 좋아하지 않는지라 일부러 평판을 올리려는 노력은 하지 않았다. 그런데 육아를 하고 있는 지금 그 어느 때보다 열심히 평판 작업을 하고 있다. 바로 아이에게 말이다.

아빠는 몇 점? 제 점수는요?

아빠에 대한 아이의 평판을 올리는 일은 여간 어려운 일이 아니다. 조그만 실수를 하거나 잘못을 하면 평판은 나락으로 떨어진다. 그러나 아무리 원하는 것을 들어주고 맛있는 것을 해다 바쳐도 쉽사리 좋아지지 않는다.

퇴근 후 저녁 시간을 갈아 넣어 아이와 춤도 추고 노래도 같이 부르고 슈퍼 파워 빔을 맞고 쓰러지는 등의 노동을 한 시간도 넘게 한다. 종이접기도 하고 좋아하는 만화 주인공 그림도 그린다. 게임 놀이를 한답시고 용암도 건너고 점프도 하고 탈출도 한다.

아이는 규칙은 잘 가르쳐 주지도 않으면서 아빠가 조금 적극적으로 하려고 하면 "아빠, 그렇게 하는 거 아니야!" 하며 아비의 기도 죽여 놓는다. 그래도 군소리 없이 같이 논다. 아이는 아빠가 이 정도로 하면 그때 비로소 한 번 슬쩍 얘기한다. "오늘은 아빠가 좋아." 하지만 그러다가도 "아빠, 만화 보고 잘래"라는 말에, "안 돼. 이제 잘 시간인데?"라고 하면, 바로 "아빠 싫어!"라고 한다. 효율 최악의, 난이도 최상의 평판 작업인 셈이다.

가끔 잘해 주는 것이 효과 없는 이유

아내에게 "아이는 나를 사랑하지 않아"라고 푸념하면, "내가 들이는 시간만큼 아이와 지내 봐. 그럼 해결 돼"라고 정답을 말해 준다. 맞다. 평판 작업은 시간과 노력이 많이 드는 일이 아니던가.

그래도 때로는 억울할 때가 있다. 솔직히 아내가 아이를 더 많이 혼내고, 못하게 하는 것도 더 많다. 그런데 웬만해서는 아이의 입에서 "엄마 싫어!"라는 말은 나오지 않는다.

기본적인 동맹 관계가 잘 맺어져 있는 것이다. 웬만큼 싫은 소리를 해도 둘 사이는 굳건하다. 엄마에게는 뽀뽀도 얼마나 열심히 하는지. 나는 애가 하려는 것을 들어주려는 편이고, 큰소리 내지 않고 부드럽게 얘기하려 노력한다. 그런데 아이는 손도 잘 잡아 주지 않는다. 서럽기 그지없다.

"아빠 싫어!"라는 말을 듣는 것은 생각보다 상처가 깊다. 최근 암호를 갱신할 때가 됐을 때 "우리 아이는 나를 사랑한다"라고 바꾸었다. 신기한 일은 이 암호를 입력할 때마다 그래도 '그래, 우리 아이가 나를 싫어하지 않지'라고 떠올리게 되고 용기가 생기고 기분이 나아진다는 점이다. 이 이후로는 "아빠 미워!"라는 말을 들어도 "응, 그래~" 하거나, "그래도 아빠는 네가 좋아!"라고 받아칠 수 있게 되었다. 아이가 나를 싫어하지 않음을 하루에도 몇 번씩 강제로라도 되새긴 효과다.

정서는 파도처럼 밀려왔다가 다시 쓸려 가는 것

이렇게 고된 평판 작업과 후속 작업을 훌륭하게 수행했을 때, 아이에게 듣는 말 중 심리학자로서 굉장히 좋아하는 말이 있다. 바로 "오늘은 아빠가 좋아!"이다.

아이가 "아빠가 좋아"라는 말에 지독하게 인색하기 때문만은 아니다. 내가 이 말에서 좋아하는 포인트는 '오늘은'이다. "오늘은 아빠가 좋아!"는 아빠는 좋다가도 언제든지 싫어질 수 있으며, 다시 좋아질 수도 있다는 말이다.

즉 아이가 느끼는 정서가 일시적이고 파도와 같이 밀려왔다가 다시 쓸려 갈 수도 있다는 것을 자연스레 경험하고 있다는 표현이라서 좋아한다. 한 대상에 대해서 다양한 감정을 품는 것이 전혀 이상하지 않다는 것을 아이가 체험하고 있는 것 같아서도 좋다. 이런 유연함이 심리 건강에 무엇보다 중요한 지표이기 때문이다.

임상심리학자로서 살다 보면 마음이 힘든 사람들을 많이 만난다. 우울과 불안으로 고생하는 사람들은 부정적인 기분과 힘든 상황이 나아지지 않고 영원히 지속될까 두려워한다.

심리 상담을 진행할 때 내담자에게 먼저 말씀드리는 것 중 하나가 '정서는 일시적이다'라는 점이다. 부정적인 정서로 고통스러워하는 사람들이 정서가 일시적이라는 것을 알게 되면 이 고통에도 끝이 있다는 것을 인지할 수 있기 때문에, 살아가는 데 용기를 갖게 된다. 그리고 이러한 정서를 변화시키기 위해서 과학적으로 검증된 방법을 일상에 적용해 봄으로써 이전과는 다른 하루를 경험하게 된다.

정서 도식

한 사람이 자신의 정서에 대해 갖고 있는 믿음을 '정서

도식'이라고 한다. '정서는 사라지지 않고 지속된다', '이런 감정은 느껴서는 안 된다', '내가 느끼는 이 감정은 남들이 이해하기 어렵다', '모든 상황에는 어떻게 느껴야만 한다는 올바른 방식이 있다', '한번 감정이 격해지면 통제하기 어려울 것이다', '부정적인 감정은 차단하여 느끼지 말아야 한다' 등과 같은 생각이다.

이와 같은 정서 도식은 정서에 대한 대표적인 오해다. 정서는 아무런 이유 없이 일어나지 않는다. 비록 우리가 '특별한 이유가 없는데도 기분이 좋지 않다'라고 경험할 수는 있어도, 실제로 자신의 정서 경험을 곰곰이 들여다보면 왜 그런 감정을 느꼈는지 그 원인을 알 수 있다.

이렇게 자신의 감정을 이해하는 것이 심리 치료(특히 인지 행동 치료)의 첫 시작이다. 자신의 감정을 이해하면 감정은 존재하다 자연스레 사라진다. 어떤 특별한 것을 하지 않아도 그렇다.

감정은 우리에게 하고 싶은 말이 있다

감정은 그 어떤 것이든 느껴도 된다. 느끼지 말아야 할 감정은 없다. 어떤 감정을 느끼더라도 그것은 지극히 정상이다. '비정상적인 감정을 느낀다'는 말도 사실이 아니다. 비정상적인 감정이라는 것 자체가 존재하지 않기 때문이다.

감정은 지금 우리가 어떤 상태에 놓여 있는지를 가장 확실하게 알려주는 표시이다. 내가 지금 화가 났다면, 부당한 대우를 받았다거나, 나의 욕구가 좌절되었다는 뜻이다. 내가 지금 슬프다는 것은 내 인생에서 중요한 것을 상실하였으니 주위의 소중한 사람들로부터 위로받고 싶다는 뜻이다. 내가 지금 불안하다면 내게 굉장히 중요한 일을 잘해 내고 싶다는 욕구가 크다는 뜻이다.

이처럼 각각의 감정은 우리에게 전하고 싶은 각각의 메시지가 있다. 감정이 원하는 것을 잘 들어준다면 감정은 적당히 머물다가 자연스레 사라진다.

감정이 나에게 원하는 것을
모른 척하면 큰일난다

감정이 우리에게 원하는 것을 들어주지 않으면, 불현듯 불쑥불쑥 올라와서 우리를 괴롭힌다. 그러면 또 우리는 이전보다 거세져 돌아온 감정으로부터 더 멀리 도망치거나, 더 세게 억누르게 된다.

기분이 좋지 않을 때 술을 마시거나 과식이나 폭식을 하게 되는 것도 이러한 회피 행동의 일종인데, 회피 행동을 하면 당장은 부정적인 감정이 조금 가라앉는 것처럼 느낄 수 있지만, 얼마 지나지 않아 부정적인 감정은 더 커진 상태로 나타난다. 이를 반동 효과(rebound effect)라고 한다. 음주나 폭식 등의 회피 행동은 지금 당장 부정적 감정이

가라앉기 때문에 부적 강화를 일으킨다. 이런 행동을 자꾸 더 하게 되는 것이다. 하지만 이후에 나타나는 반동 효과는 시간상으로 좀 더 멀리 있기 때문에, 음주나 폭식에 대한 처벌(목표 행동이 감소되는 것)이 어렵다. 따라서 이후에 기분이 더 안 좋아지더라도 정서에 대한 회피 행동을 계속하게 된다.

부정적인 감정이 들 때는 이를 회피하는 전략은 좋지 못하다. 그냥 담담하게 경험하고 왜 이런 감정이 들었는지를 이해해 보려고 하면 된다. 마치 공감을 잘해 주는 친구가 내 안에 있다고 생각하자. 왜 이런 감정이 들게 되었는지가 이해가 되면, 감정은 또 신기하게 사라진다. 억지로 없애려고 하지 않고 정서가 원하는 것을 들어주는 것이 핵심이다.

정서를 없애려고 하는 행동이 회피 행동이라면, 정서의 말을 들어주려고 하는 행동은 대처 행동이 될 수 있다. 회피 행동은 회피해야 하지만 대처 행동은 독려하는 것이 좋다.

아이의 감정이 폭발할 때

어떠한 감정을 느껴도 된다고 생각하는 것이나 정서의 메시지에 귀 기울이는 대처 행동은 육아에도 큰 도움이 된다. 아이가 너무 심하게 떼쓰면서 울면 우리는 "그만 울어! 뭘 잘했다고 울어!"라고 반응하기 쉽다. 그런데 울어도 된다. 아이가 우는 이유는 그렇게 울어야 아이의 욕구에 부모가 좀 더 주의를 기울이기 때문이다. 인간은 그렇게 진화해 왔다.

아이가 지나치게 화를 내면서 울고 있다면, 아이가 원하는 것이 좌절되었을 가능성이 크다. "○○이 하고 싶었는데 못해서 속상했어? 화가 났어?" 하고 물어보면 꽤 많은 경우 아이들은 "그렇다", "아니다"라고 대답을 잘 해 준다. 만약 부모가 아이의 마음을 읽는 것에 성공하면 아이의 화는 조금 가라앉는다.

이때 우리가 허용할 수 있는 일이라면 들어주는 것도 좋다. 그러면 아이는 화가 풀려 울음을 그치게 된다. 그러나 들어줄 수 없는 일이라면, "이걸 못해서 화가 났구나. 아빠가 이제 알았어"라고 마음을 읽어 준 후, "그래도 이건 위험해서 안 돼" 하고 간단하게 이유만 알려 주고 끝내는 것이 좋다. 아이가 금방 울음을 그치지 않는다고 계속 말을 많이 하는 것은 대개 역효과를 초래한다. 아이의 감정이 강해지면 부모도 평소보다 센 감정을 담아 내용을 전달하는 경우가 많고, 이러면 아이를 자극만 하게 되기 때문이다.

감정을 적절하게 갈무리하는 법

아이가 자신의 감정을 적절하게 갈무리하는 것도 아이가 배워야 하는 것이다. 아이의 감정을 아이에게 맡겨 추스르도록 하지 않고 부모가 감당해서 해결하려고 하면 너무나 괴로워진다. 아이가 울음을 그쳤으면 좋겠다는 욕구는 더 커지고, 이 욕구는 눈앞에서 좌절되고 있는 중이기 때문에 화도 날 수 있다.

아이가 배워야 하는 것은 '우는 것은 안 된다'가 아니라, '울어도 된다'이다. 그리고 시간이 흐르면서 자신이 왜 이러는지 말로 표현할 수 있어야 한다. 이런 식으로 아이들은 자신의 정서를 적절한 선에서 조절하는 방법을 배운다.

우리 아이가 울면서 하는 얘기 중에 내가 또 좋아하는 말이 있다.

"조금 더 실컷 울면 안 돼? 조금 더 실컷 울고 그칠래!"

나와 아내는 기꺼이 "응, 그래도 돼"라고 말해 준다. 자신의 정서를 실컷 경험하고 표현하도록 내버려 둔다. 억지로 부모가 아이의 감정을 감당하여 처리하려 노력하지는 않는다.

물론 울음을 계속 듣고 있는 것은 고역이다. 하지만 그것 또한 부모가 감내해야 하는 일이다. 지금 부모 앞에서 아이는 어떻게 하면 자신의 감정을 적절하게 조절할 수 있는지 조금씩 배우고 있는 중이다.

울어도 된다. 이것을 적절하게 조절할 수 있는 방법을 배우면 되는 것이다. 부모도 아이가 자신의 감정을 다룰 수 있도록 기회를 주는 방법을 배우는 것이다. 아이는 홀로 크지 않는다. 부모와 함께 성장한다.

정서 도식

· · ·

아이에게
적응적인 정서 도식 선물하기

"울면 안 돼. 울면 안 돼.
산타 할아버지는 우는 아이에겐 선물을 안 주신대."

내가 어린 시절 가장 많이 들었던 말 중의 하나는 "남자는 울면 안 돼. 울지 마"였다. 어릴 적 나는 울보였다. 달리기를 하다가 져도 울고(저는 달리기를 정말 못합니다), 게임을 하다가 마음대로 되지 않아도 울고(처음이자 마지막으로 아버지에게 크게 혼났던 때도 게임 하다가 자꾸 죽으니까 울어서였습니다. 울면서 게임을 했었습니다), 친구들이랑 싸우다가도 울었다(울면 진다는 말이 참으로 억울했습니다). 나는 요즘도 눈물이 많다. 영화나 드라마를 보다가 우는 것은 물론이고, 〈겨울왕국〉의 주제가 〈Let it go〉만 들어도 운다. 어린 시절과 달라진 점이 하나 있다면 '울어도 된다'고 생각한다는 것이다.

산타는 틀렸다. 산타 할아버지는 우는 아이에게도 선물을 주어야 한다. 아이들은 울어도 된다. 잘 울고 잘 그치는 방법을 배워야 할 뿐이다.

감정을 부정당하는 아이

만약에 아이가 울 때마다 "울지 마! 왜 자꾸 울어! 이게 울 일이야?"라고 혼낸다면, 아이는 자기도 모르게 '감정을 표현하는 것은 남들에게 받아들여지기 어려운 일이구나', '부정적인 감정을 표현하는 것은 나쁜 일이구나', '내 감정은 이해받지 못하는구나'와 같은 감정 경험과 표현에 관한 믿음 체계, 즉 정서 도식을 형성하게 될 것이다.

- 부정적인 감정을 경험하는 것에 죄책감이 든다
  '사람들 앞에서 울면 안 되는데. 이건 너무 창피하고 부끄러운 일이야!'
- 자신의 감정이 이해되지 않는다
  '지금 내가 화날 일인가? 화낼 일이 아닌 것 같은데…'
- 어떤 감정은 느끼면 안 된다
  '이런 감정은 느껴서는 안 돼. 잘못된 일이야!'
- 감정이 걷잡을 수 없이 커지고 영원히 지속될 것이다
  '이대로 가다가는 나는 이 감정을 통제하지 못할 거야.

감정에 대해 이와 같이 부정적인 정서 도식을 형성하게 된다면 정서를 경험하는 것 자체가 문제라고 생각하게 되고, 정서를 경험하는 것을 회피하려 든다. 폭식, 음주, 약물 남용의 확률도 높아질 수 있다.

정서를 어떻게 경험하면 좋을까?

가장 중요한 것은 내가 경험하고 있는 이 정서가 '정상적이고 그럴 만하다'고 믿는 것이다. 우리가 경험하는 정서가 문제가 없고 괜찮다고 생각하면 아주 많은 것이 달라진다. 정서를 경험하는 것을 수용할 수 있게 되고, 문제라고 생각하지 않으니 당당하게 표현하게 된다. 다양한 감정이 한꺼번에 몰려오는 경우에도 이를 '그럴 수 있다'고 인정할 수 있게 되고, 어떤 정서를 경험하는 것에 대한 죄책감과 수치심도 줄어든다.

이렇게 되면 부정적인 감정이라도 그 감정이 머물다가 지나가게 할 수 있다. 부정적 감정에 대한 부정적 정서 도식으로 생기는 또 다른 부정적인 감정(죄책감, 수치심 등)을 막을 수 있게 되는 것이다.

부정적인 정서 도식은 우울과 불안 등의 심리 건강과 관련이 높다. 부모는 아이가 적응적인 정서 도식을 형성할 수 있도록 최대한 노력해야 한다.

감정의 말을 잘 들어준 보상

눈물은 다양한 감정과 관련이 있다. 대표적인 감정으로는 '슬픔'이다. 우리는 슬프면 운다. 울음은 슬픔에 동반되는 행동이다. 사람들에게 똑같이 무표정한 두 얼굴을 보여 주고 난 후, 한쪽에는 눈물이 흘러내리는 사진을 보여 주면, 누구나 눈물 흘리는 사진이 슬프다고 얘기한다.

슬픔이 우리에게 얘기하려고 하는 것은 '지금 중요하게 생각하는 것을 상실하였으니 위로가 필요하다'이다. 사람들에게 슬픔을 표현하고 위로를 받으라는 말이다.

그러나 우리는 슬플 때, 혼자 있는 곳에서 운다. 슬픔을 숨긴다. 어린 시절에 '울면 안 돼'라는 말을 자주 들은 사람은 남에게 우는 것을 보이는 것을 창피하게 생각할 수도 있다. 슬픔을 드러내는 것은 자신의 심약함을 보이는 것 같아 숨기기도 한다. 자신이 감정을 드러내면 남들이 불편할 것 같아서 폐를 끼치지 않기 위해 참는 사람도 있다.

그렇지만 아이러니하게도 슬플 때는 사람들과 같이 있어야 한다. 믿을 만한 사람과 만나 자신이 무엇을 상실했는지 충분히 얘기하며 슬픔을 표현해야 한다. 그리고 이에 대해 위로받아야 한다. 그래야 슬프지만 괴로워지지는 않는다. 슬픔이 다른 감정으로 번지지 않는다.

심리학자는 무슨,
내 아이도 똑바로 못 키우면서

심리학자인 나는 아이에게만큼은 "울지 마!"라는 말을 안 하고 살려고 했다. 언제든 "울어도 된다"라고 얘기해 주고 싶었다. 아이의 울음의 의미를 잘 읽어 주려고도 했다. 그래서 아이가 자신의 감정을 표현하는 것을 부끄러워하지도, 옳지 않은 것이라고 여기지도 않았으면 했다. 아내에게도 "우리 '울지 마'라는 말보다 '울어도 돼'라고 하자"고 했다. "지금 속상하면 충분히 울어도 돼. 하지만 다 운 다음에는 무엇을 원하는지 얘기해 줘"라고 덧붙이면 아이가 무엇 때문에 그러는지 좀 더 잘 알 수 있기 때문이다.

그런데 아이를 키우며 알았다. 산타 할아버지가 우는 아이에게 선물을 안 주시는 이유를. 아이에게 "울지 마"라는 얘기를 하지 않기가 어려웠다. 아이가 생떼를 쓰면서 울면 견디기가 너무 힘들었다.

주말에 아내가 운동하러 나갈 때였다. 엄마 껌딱지인 아이는 "나도 데려가!"라며 울고불고 난리였다. 호기롭게 아내에게 "걱정하지 말고 다녀와!"라고 얘기한 후 우는 아이를 달래려던 나는, 아이가 그날따라 좀처럼 울음을 그치지 않아 당황했다. 바닥에 누워서 발버둥 치고, 악쓰고, 현관문을 열고 밖으로 뛰쳐나가려고 했다. 그 나이에 할 수 있는 진상(?) 짓은 전부 다 했다. 정말 이때는 '울어도 된다'고 애기하기 어려웠다.

"엄마 금방 올 거야", "아빠랑 같이 놀면서 기다리자"라며 달래도 보고, "엄마랑 같이 있고 싶었는데 엄마가 혼자 나가서 속상해?"라며 마음 읽기도 해 보았지만, 난리를 치는 것이 반복되니 결국 폭발해 버리고 말았다. "이제 그만 울어! 그만하란 말이야! 제발 좀 그만해!" 그러고는 우는 아이를 안방에 놓고, 거실에서 아이의 울음소리를 견디고 있었다.

한참 뒤 아이는 울다 지쳐 잠이 들었다. 나는 아이에게 심하게 화를 냈다는 죄책감에 괴로웠다. '심리학자는 무슨. 내 아이도 똑바로 못 키우면서….'

아이는 울음을 그치는 방법을 아직 모른다

상황을 복기하다 한 가지 실수를 깨달았다. 그날 나의 실수는, 감정이 너무 격해진 아이에게 말을 너무 많이 했다는 것이다. 아이가 심하게 울 때 부모가 말을 계속 하는 것은 아이의 감정을 고조시킨다.

이때는 방법이 없다. 그냥 아이에게 시간을 주는 수밖에. 아이도 자기 감정을 조절하는 법을 익혀야 한다. '아이가 그만 울었으면 좋겠다'라는 것은 부모의 바람일 뿐, 아이는 아직 어떻게 하면 이 감정을 추스르고 그만 울 수 있는지, 그 방법을 모른다.

아이를 안고 토닥이거나, 마음을 읽어 주거나, 원하는 것을 들어주는 등 부모가 할 수 있는 것을 다 했음에도 아이가 부모에게 안기기 어려울 정도로 심하게 울고 발버둥을 친다면, 실제로 해 줄 수 있는 것이 없다. 그냥 아이의 울음을 '견디며' 서로 시간을 갖는 것만이 가능할 뿐이다.

여기서 '견딘다'는 것이 관건이다. 힘들지만 견뎌야 한다. 많은 부모들이 아이의 울음을 멈추게 하는 과정에서 후회할 짓을 많이 한다. 아이가 스스로 울음을 멈출 때까지 기다리는 것이 부모가 할 수 있는 유일한 일이자, 해야 할 일이다.

아이가 울음을 멈추고 진정이 됐다면, 그때 다시 말을 걸고, 회복의 시간을 갖도록 하자. 물론 아이가 진정되는 동안 부모도 진정되어야 한다.

회복의 시간

그날도 아이와 회복의 시간을 가졌다. "아빠가 아까 너무 화를 크게 내서 미안해. 네가 너무 많이 울어서 아빠도 견디기가 어려웠어. 다음에는 그러지 않을게." 아이는 정확하게 무슨 말인지는 몰라도 아빠가 미안해한다는 것은 안다.

아이는 생각보다 쿨하다. 회복의 시간을 갖는다면, 그리 오래 담아 두지 않는다. 이러한 면은 아빠가 아이에게 배워야 할 점이다.

나도 내 자신에게 말해 준다. 아까 일은 화날 만했다고. 그 누구도 그렇게 강하게 감정을 발산하는 아이한테서는 끝까지 침착하기 어려웠을 것이라고. 그러니 스스로 나쁜 아빠라고 평가하는 것은 그만하자고.

"산타 할아버지, 우는 아이에게도 선물을 주세요.

어린아이들은 울음으로 자신의 감정을 표현하거든요.

울어야 감정을 다루는 것을 배운답니다.

그리고 꼭,

우는 아이를 잘 견뎌 온 부모들에게도 선물을 주세요.

아주 큰 선물을 주세요."

걱정과 화

· · ·

아무것도
가르치지 못하고
아이와 다투기만 했다면

우리 아이는 이 닦기를 싫어한다. 다른 아이들도 그럴 수 있겠지만, 우리 아이는 정말 싫어한다. 우리 부부는 친구네 집에 놀러 갔을 때, 그 집 아이들이 "이 닦아!" 한마디에 바로 이를 닦는 것을 보고, '저것이 가능하단 말인가!' 하며 소스라친 적이 있다. 그때 알았다. 우리 애가 유난히 더 싫어한다는 것을….

처음에는 달래 보았다. "이 닦으면 책 읽어 줄게." 그럼 아이는 "책 먼저 읽고 닦을래" 하고 대답한다. 좋아하는 행동을 강화물로 사용하여 별로 좋아하지 않는 행동을 유도하는 '프리맥(Premack)의 원리'는 우리 아이에게는 통하지 않는다. 아이가 우리에게 프리맥의 원리를 쓰고 있었던 것 같다. 아이에게 책을 읽어 주는 것을 먼저 해야 이를 닦으니 말이다. 어떻게 해서든 이를 닦이고 싶은 우리 부부는 책을 읽어 준 뒤, "자, 이제 이 닦아"라고 말해 본다. 그러면 아이는 "한 권 더 읽고!"라고 답한다. 책을 또 읽어 주면, 이번에는 "주스 마시고!"라고 또 미룬다. 슬슬 한계에 다다른다.

"이젠 안 돼!" 하며 아이를 화장실로 번쩍 안아 들고 간다. 그러면 아이는 "엄마랑!"이라며 발버둥을 친다. "안 돼. 오늘은 아빠랑 닦기로 했잖아." 아내는 이미 아이와 이 닦는 것으로 실랑이하느라 진을 뺀 상태다. 오늘은 내가 이 미션을 해결해야 가족의 평화를 지킬 수 있다. 그러나 아이는 평화를 순순히 허락하지 않는다. "엄마랑! 엄마랑!" 여기서 또 실랑이하느냐, 엄마에게 맡기느냐 기로에 놓인다. 많은 경우, 결국 아내가 이를 닦이고 만다. 아이가 떼 부리는 시간을 줄이는 쪽으로 선택하고 만 것이다.

이렇게까지 해야 하나 싶다

웬일로 아빠랑 닦는다고 할 때도 문제다. 복숭아 맛이 나는 아이용 치약은 "내가 짤래!"라고 해서 맡기면 튜브 속 치약을 거의 다 짜낼 기세로 칫솔에 바른 다음 빨아 먹는다. 못하게 해도 자기가 꼭 치약을 짜야 하는 아이는 이 루틴이 없으면 아예 이를 닦지 않는다.

계면활성제 성분이 몸에 좋을 리는 없어서 치약을 좀 더 큰 아이들이 쓰는 것으로 바꾼다. 딸기 맛이다. 그래도 큰아이용이라고 거품도 좀 나고 살짝 맵다. 우리 아이 입맛에 맞지 않는다. 칫솔에 치약을 발라 주면 꼭 자기가 물로 씻어 내고 닦는다. 이제는 제법 입 냄새도 나는지라 이 정도로는 이를 깨끗하게 닦일 수 없다.

어떻게 해서든지 이를 닦이려고 노력한다. 아이는 싫다고 하고, 칫솔을 입에 넣고도 닦지 않으려고 하고, 칫솔이 깨져라 꽉 물거나, 시늉만 하고 물을 머금었다 뱉거나, 혹은 컵에 물을 받다가 물장난으로 빠져 버린다. 결국 언성이 높아진다. 매일 밤 이렇게 싸운다.

결국 아이는 징징 울면서 강제로 이를 닦이게 된다. 기분 좋게 자야 하는 시간에 부모와 아이 모두 토라진 채로 잠이 든다. 이 닦는 게 뭐라고. 이 닦는 게 진짜 뭐라고. 이렇게까지 해야 하나 싶다.

걱정이 화로 변질되는 순간

아이 이 닦이는 일이 고되다 보니, '언제까지 이래야 하나?' 하고 아이를 재울 시간이 되면 걱정부터 앞선다. '오늘도 엄청 싸우겠지. 오늘도 짜증내며 잠자리로 가겠지'라고 걱정하게 되니 기분도 좋지 않다. 빨리 아이를 재우고 싶다는 무리한(?) 욕구를 내려놓아야 편해진다는 것을 알지만, 쉽지 않다. 늦게 재운다고 해서 이를 잘 닦는 것도 아니다.

대개의 분노와 화는 '욕구 좌절'에서 비롯된다. 욕구가 없으면, 화도 없다. 아이가 빨리 잤으면 좋겠다는 마음을 내려놓으면 화도 나지 않는 법이다. 설마 평생 이러지 않겠지? (그럴 리가요.) 아이 이가 다 썩으면 어떡하지? (그 전에 당연히 병원에 가겠죠.) 걱정은 화를 부추긴다.

처음에는 아이에 대한 사랑에서 비롯한 걱정이 나중에는 화로 변질되는 것이다. 아이가 건강한 치아를 갖기 바라는 욕구가 좌절되었으니 화가 날 수밖에. 오히려 이럴 때는 '네 이가 썩지 내 이가 썩냐? 나도 흥이다' 체념하는 편이 속 편하다. 하루 이를 안 닦는다고 큰일이 나는 것은 아니니 말이다. 아이의 전체 인생을 놓고 보면 정말 하찮기 그지없는 순간이다.

행동 변화도 없고, 기분은 상할 대로 상하고

육아 과정에서 화가 나거나 소리가 높아질 때는 대부분 '오늘에야말로 버릇을 고쳐 놓겠어'라는 심보가 작동하는 순간이다. 걱정이 화로 변질되는 그 순간이다. 그러나 버릇은 쉽게 고쳐지지 않는다. 반복적으로 하다 보니 뇌가 자동화하는 것이 바로 버릇이기 때문이다. 자동화된 시스템을 일일이 손봐서 다른 자동화 시스템으로 만들기란 참으로 어렵다. 수많은 오류를 찾아서 수정해야 하고, 이상한 버그가 생기면 개선해야 한다.

그리고 '오늘에야말로 버릇을 고쳐 놓겠어' 이후로 후속 조치가 취해지지 않는 경우도 많다. 그냥 그날만 '어, 이러다가 안 되겠는데?' 하는 생각에 아이랑 다투면서 진을 빼 놓고는, 다음 날엔 지쳐서 '나도 모르겠다'로 태세가 전환된다. 뭔가를 변화시켜야 할 때는 꾸준히 조처해야 하는데도 말이다.

이렇게 되면 또 아이는 이전의 행동을 반복한다. 결국 괜히 아이와 다투기만 한 셈이다. 행동 변화도 없고, 기분은 상할 대로 상하고…. 아이의 행동을 변화시키기로 마음먹었다면, 꾸준한 노력이 관건이다.

아이 때문에
부정적 감정이
몰려올 때

심리학자도 별수 없다. 잘 알고 있는 것도 실천으로 옮기지 못한다. 일이 힘들어서 예민해져 있으면 더 그렇다. 정신적·육체적 피곤을 감당하기 위해 에너지를 쓰고 있기 때문에 잘 아는 것도 떠오르지 않고, 떠오른다 해도 실행으로까지 옮길 힘이 없다.

예민해진 상태에서는 아이의 행동이 눈에 유독 더 거슬린다. 평소에는 넘어갔던 일도 지나치지 못한다. 그날은 아이가 자는 시간이 문제였다. 우리 부부는 항상 9시 30분에는 아이를 재우려고 한다. 9시 30분에 재우려면, 9시에는 잠자기 루틴을 시작해야 한다. 놀던 것을 정리하고, 이를 닦고, 책을 읽고, 자는 것이다.

'아, 오늘에야말로 9시 30분에 재워야지' 하고 생각하며

"이제 그만 놀고 잘 준비해"라고 말하면 당연히 아이는 저항한다. "싫어. 더 놀다 잘래!" 요즘 들어 조금 컸다고 "나도 아빠처럼 늦게 잘래!"라고 대꾸한다. 게다가 그날은 갑자기 품이 많이 드는 요리를 하겠다고 난리였다. 아이 딴에는 아빠한테 맛있는 음식(?)을 만들어 주려고 한 듯하다. "요리 만들고 잘래!" 떼를 쓴다.

그런데 이미 9시가 넘었다. 이 놀이를 하면 10시 30분이 돼도 자기 어려울 수 있다. 재료를 꺼내서 썰고, 속을 파고, 무엇인가 만들고 넣고…. '저걸 다 정리하고 자야 하잖아?' 피곤했던지라 정말 그것만큼은 하고 싶지 않았다. 게다가 나는 아침부터 굉장히 예민해져서는 하루 종일 뾰족해 있었다. 이미 아이의 요구를 들어주거나 부드럽게 거절할 수 있는 상태가 아니었다.

갑자기 없던 규칙을
들이밀어서는 곤란하다

이럴 때는 여지없이 화를 내게 된다. "안 돼", "할 거야!" 둘 사이에 팽팽한 기싸움이 시작된다. 아이는 얼굴이 붉어지고 소리를 지르기 시작한다. 소리는 점점 커진다. "안 된다고 했지! 너 자꾸 이렇게 소리 지르면 포도 스티커 뗄 거야!" 최근 아이는 어린이집에서 올바른 행동을 했을 때 스티커로 강화를 받기 시작했다. "싫어! 안 돼! 스티커 소중해! 내가 아끼는 거란 말이야!" "아빠가 얘기 했어. 이렇게 소리 지르고 떼쓰면 뗄 거야." "싫어!" 아이의 흥분은 가라앉지 않았다. 나는 결국 스티커를 뗀다. 아이는 이제 자지러진다. "봤지? 정말 뗄 거야! 먼저 진정해. 진정하고 떼 그만 쓰면 더 떼지는 않을 거야!"

원래 이런 규칙은 스티커 붙이기를 시작할 때 정해야 한다. 아이가 글을 읽을 수 있다면 규칙을 종이에 써 놓는 것도 좋다. 언제 붙이고, 언제 뗄 것이다, 다 붙인 다음에는 이런 것을 해 줄 것이다 등을 미리 적어 정해야지 부모 마음 내키는 대로 하면 안 된다. 나는 게으름을 피우다가 이 과정을 거치지 못했다. 아이가 받아들이기 어려운 것은 당연하다. 갑자기 없던 규칙이 생긴 것이기 때문이다.

지금 우리에게 필요한 것은
오직 시간

막상 눈앞에서 스티커가 없어지니까 아이는 움찔한다. 너무 슬프고 화가 나는데 엄청 떼쓰지도 못한다. 그러고는 쪼르르 엄마한테 달려가서 아빠의 만행을 이른다. 우리 부부가 지키고 있는 육아 원칙은 한 사람이 훈육을 하고 있을 때는 그것이 마음에 들지 않더라도 전적으로 배우자 편을 든다는 것이다. 오늘은 내가 좀 과하게 화를 내며 훈육하기는 했지만 아내는 내 편을 들었다. 아내는 내가 예민해져서 아침부터 뾰족해진 것도 알고 있었다.

아이는 진정되지 않아 다시 자지러진다. 아빠가 싫어하는 말과 행동을 한다. 바닥에 침도 뱉는다. 아빠가 질색하는 것을 알기 때문이다. 하지만 이런 것에 반응하면 아이는 더 이용한다. 무시하는 것이 정답이다.

"이런 행동 하면 또 스티커 뗄 거야!" 아이가 진정하지 않자, 하나를 더 뗀다. 아이는 흥분을 겨우겨우 참으려 한다. 엄청 아끼는 스티커다. "잘했어. 이렇게 넘어가면 다시 붙여 줄 거야"라고 해 보지만 아이는 "싫어! 잘했다고 하지 마!"라고 한다. 아빠의 칭찬도 싫다. 이럴 때는 그냥 시간을 주는 것이 좋다. 아이한테도, 나한테도.

아이에게 화를 내는 일은
시원하게 끝나지 않는다

아이는 나한테 화가 났지만, 엄마한테 위로받는다. 원래는 나랑 잘 풀고 잤어야 하는데 그러지 못했다. 나도 마음이 상했기 때문이다. 훌륭한 심리학자 아빠라면 아이의 행동을 다 이해하고 받아주어야 하겠지만, 나는 삐돌이다. 잘 풀리기는 하지만 그만큼 잘 삐진다. 그 대상이 아이라도 마찬가지다. 오히려 아이한테 더 많이 상처받고, 아이 때문에 더 깊이 괴롭다. 아내와 연애할 때도 이 정도는 아니었는데….

아이는 포도 스티커가 사라질까 봐 엉뚱한 데 분풀이를

한다. 원래는 아빠를 때리고 발로 차고 했을 것이다. 그런데 그러지 못했다. (스티커가 이렇게 대단합니다.) "오늘은 책 열 권 읽을 거야. 아니 백 권 읽을 거야!" 그러고는 자기 방으로 들어가서 책을 양껏 갖고 나온다. 아빠 앞에서는 보란 듯이 고개를 홍 하고 돌려 버린다. 그 모습이 귀여워서 순간 풋 하고 웃기는 하지만, 나도 마음이 상했다.

아이에게 화를 내는 일은 언제나 끝이 찝찝하다. 또 그 순간을 참아내지 못했다는 것 때문에 기분이 좋지 않다. 죄책감! 게다가 직업적 특성이 있으니, '이런 내가 무슨 책을 쓴다고…. 이게 다른 사람에게 도움이 되는 걸까? 아니 누가 읽기는 할까?' 하며 무기력감도 든다.

부정적 감정에 대처하는
적절한 정서 조절 전략

부정적 감정이 밀려올 때는 적절한 정서 조절 전략들을 사용해야 한다. 상황이 허락만 한다면 믿을 만한 친구와 함께 얘기를 나누거나 맛있는 것을 같이 먹는 것도 좋다. (혼자 먹는 것은 가끔 폭식으로 빠지기 때문에 권하지 않습니다.) 조금 힘들게 느껴질 정도로 운동을 하는 것도 좋다. (장거리를 달리거나, 수영을 하거나, 크로스핏, 필라테스 등의 힘든 운동이 좋습니다.)

그런데 한밤중에는 이렇게 하기 힘들다. 많은 부모들이 이런 상황에서 먹거나 마신다. 폭식을 하고 과음을 하는 경우도 있다. 이렇게 하면 단기적으로는 기분이 나아지기 때문이다. 배가 가득 찬 느낌이 들면 만족감이 드는데, 이것이 짧게는 위안을 준다. 그러나 얼마 지나지 않아 '또 과식을 했다'는 생각에 괴롭고, 소화가 안 돼 힘들다. 술도 마찬가지다. 음주가 반복될수록 술에 더 의존하게 된다. 이렇듯 정서 조절을 위해 사용했던 방법들이 자신을 더 힘들게 한다.

판단하지 않고
부정적인 감정을 기꺼이 경험하기

바람직한 방법은 '비판단적인 태도로 부정적인 감정을 기꺼이 경험하는 것'이다. 아이의 행동에 화가 났으면 '화가 났구나. 그럴 만했네, 그럴 만했어' 하면서 지나가면 된다.

마치 내 마음속에 내가 어떤 행동을 하더라도 이해해 줄 수 있는 친구가 있다고 상상해 보자. 그 친구에게 오늘 있었던 일을 얘기한다. 그러면 그 친구가 이렇게 말하는 것이다. "그럴 만했네. 그럴 만했어. 나라도 그랬겠다."

'그럴 만했네'라는 얘기를 나 자신에게 해 주려면 왜 내가 그런 감정이 들었는지 자세히 살펴보아야 한다. 내 감정을 십분 이해하면 부정적 감정이 서서히 풀리면서 사라진다.

그런데 '내가 또 아이에게 화를 냈어. 나는 나쁜 아빠야. 이런 내가 남에게 무슨 도움을 줄 책을 쓰겠어?' 하게 되면, 화 하나만 경험하고 끝날 일이 더 커지게 된다. 주로 판단하는 생각들이 들러붙게 된다. 그냥 화가 났을 뿐인데 '나쁜 아빠다'라는 판단을 하고, 이로 인해 '책을 써 봤자 도움이 안 될 것이다'라는 판단을 하게 되는 것이다. 역시 이런 부정적 판단의 결과는 죄책감과 무기력감으로 연결된다.

마음의 공간 만들기 연습

이럴 때는 판단을 내려놓는 것이 좋다. 화의 감정이 그냥 있다가 자연스레 사라질 수 있도록 감정을 받아들이자. 마음의 공간을 가능한 크게 만들어, 화와 같은 부정적 감정들도 머물다 갈 수 있도록 하는 것이다. 이를 '공간 만들기 연습'이라고 한다.

호흡을 하는 것도 도움이 된다. 호흡을 하면서 화나 죄책감이나 무기력 같은 감정이 마치 개울물처럼 돌을 적시기는 하지만 부수지도 흔들지도 못하고 흘러가 버리는 상상을 하는 것도 효과적이다.

이처럼 마음의 공간을 가능한 넓고 크게 만들면 그 안에 있는 부정적인 감정은 상대적으로 작아 보인다. 부정적 감정에만 온 신경을 쓰면 그것이 너무나도 크게 느껴지지만, 한발 물러서서 내 공간을 크게 만들면 그 감정은 작게 보인다.

이런 마음 연습을 꾸준하게 수행하면, 감정을 수용하기도 한결 수월해진다. 불편한 감정을 가만히 감내하는 것이다. 굳이 없애지 않아도 된다. 감정에게 '그냥 있다가 조용히 가라' 하는 것도 아주 좋은 대처이다.

중간에도 언제든 돌아올 수 있다

그날 나도 그렇게 했을까? 아니, 나는 그렇게 하지 못했다. 냉장고를 열고, 아껴둔 전통주를 꺼내고, 한두 잔 마시고, 먹다 남은 치즈와 햄을 와구와구(?) 먹었다. 그러고는 TV를 멍하니 돌려 보다가, 잠이 올 때 이를 닦고 잤다. 대신 감정을 조절하기 위해 먹거나 마셨던 행동에 대해 판단하지는 않고 놓아두었다. '에이 또 먹었어. 살찌겠네. 먹는 것으로 감정을 조절하려 하다니. 심리학자답지 못해' 따위는 다행히 내려놓았다. 술을 마실 때도 더 많이 먹지 않으려 노력했다. 그리고 일어나니 어제보다는 기분이 나아져 있었다.

심리학자도 잘 못한다. 하지 말라는 것도 하게 된다. 그렇지만 어떻게 해야 하는지를 알면, 중간에라도 필요한 걸쓸 수 있다. 판단하지 않고 받아들이는 행동을 음식을 먹은 이후에 한 것도 충분히 잘한 것이다. 취할 정도로 술을 먹지 않고 중간에 그만둔 것도 그렇다. 그 정도만 해도 된다. 아이가 크는 과정에서 이걸 써 볼 기회는 아직 새털만큼 많이 남았으니까. 그리고 화가 나 있는 동안에라도 이전과 다른 행동을 한다는 것은 부모로서도, 인간으로서도 굉장히 성장한 것이다. 애들도 조금씩 성장하고 바뀌어 나갈 것이다. 우리 부모도 그럴 수 있다.

감정 주도 행동

당신은 절대로
나쁜 부모가
아니다

진화심리학자들은 인간의 다양한 감정을 진화의 산물로 생각한다. 여러 감정이 생존과 번식에 유리했기 때문에 지금까지 남아 있다는 것이다.

'화'를 예로 들어 보자. 아주 먼 옛날에는 화를 낼 수 있는 개체와 화라는 감정이 없는 개체가 공존했다. 내가 힘들게 채집한 과일과 버섯을 지나가던 다른 사람이 허락도 없이 가져가 버린다. 여기에서 상대방에게 화를 내며 공격 행동을 보이면 앞으로 그 사람이 내가 먹을 것을 허락 없이 가져갈 확률이 줄어들 것이다.

이번에 다른 사람과 같이 사냥을 하고 있다. 그런데 한 사람이 너무 큰 소리를 내며 지나다녀 사냥에 방해가 된다. 잘못하다가는 맹수의 공격을 받을 수도 있다. 이에 내가 불같이 화를 낸다. 이제 상대방은 행동을 조심할 것이다.

이와 같이 화라는 감정은 생존을 유리하게 만든다. 이 과정을 오랜 기간 반복하면 화를 내지 않는 개체는 도태되고, 결국에는 화를 낼 수 있는 개체만 살아남는 것이다. 우리의 조상은 화를 낸 덕에 생존 경쟁에서 승리한 셈이다.

육아는 화가 치밀어 오를 수밖에 없는 상황

1900년대 중반의 행동주의 심리학자들은 "기대하고 있는 어떤 만족을 얻으려는 사람의 능력을 방해하면 공격 행동(화)을 보이게 된다"라고 주장하였다. 초기 행동주의 심리학자들은 눈에 보이지 않는 것은 존재하지 않는 것이나 마찬가지라고 보았기 때문에 이들이 말하는 공격 행동은 곧 '화'를 의미한다.

화는 주로 자신의 권리가 침해당하거나 다른 사람이 나에게 적대적인 의도를 드러내는 것에 대한 반응에서 비롯된다. 또한 자신이 원하는 것을 누군가의 방해로 얻지 못하게 될 때, 중요한 원칙이 지켜지지 않았을 때, 관계가 공평하지 않을 때 일어나기 쉽다.

이처럼 화의 특성을 살펴보면, 우리가 왜 우리 아이들과의 관계에서 화가 쉽게 나는지 이해할 수 있다. 아이들은 정확히 우리의 만족을 방해하고(부부끼리 오붓하게 영화관에 간 적이 얼마나 오래되었나요?), 권리를 침해하며(아끼는 물건들이 깨지거나 망가지는 것은 부지기수입니다), 적대적인 의도를 드러내고 (저는 오늘도 "아빠 미워! 저리 가!"라는 말을 들었습니다), 원하는 것을 얻지 못하게 하며(아무리 피곤해도 쉴 수 없습니다), 쉽게 원칙을 어긴다(분명히 보던 거 다 보면 이 닦기로 했는데도 "이거 하나만 더 보고!"라고 소리칩니다). 물론 부모자녀 관계는 절대로 공평하지도 공정하지도 않다. ("아빠는 네가 원하는 거 들어주었는데, 너는 왜 아빠가 시키는 거 안 해?"라는 말 해 보신 적 있을 겁니다.) 아이가 어리면 어릴수록 부모가 일방적으로 희생하는 관계가 된다. (수면 박탈, 식사 박탈, 자유 시간 박탈 등.) 이렇듯 육아 과정은 화가 날 수밖에 없는 상황이다.

감정 주도 행동은 '충동'에 가깝다

그렇다면 화가 나면 우리는 왜 소리를 지르거나 때리고 싶어질까? 어떤 정서를 경험하면 '감정 주도 행동'이 뒤따르기 때문이다.

감정 주도 행동이란 '정서를 경험할 때 생기는, 무엇인가를 하고 싶은 충동'을 의미하는데, 이 충동을 따르게 되면 그 정서는 유지되거나 강화된다. 충동에 반대로 행동해야 정서의 강도가 감소되거나 사라지지만, 대부분의 사람들은 감정이 주도하는 행동을 보인다.

화의 감정 주도 행동은 '공격'이다. 언어적으로는 소리를 지르거나 욕을 하게 되고, 행동적으로는 때리거나 밀치거나 파괴하고 싶은 충동이 일어난다. 그래서 아이가 말을 잘 듣지 않을 때 쉽게 소리를 지르고 한 대 쥐어박고 싶은 욕구가 올라오는 것이다. 아주 자연스러운 행동이다. 심성이 나쁜 부모라서 그런 것이 아니다.

정의에서처럼 감정 주도 행동은 '충동'에 가깝다. 즉각적으로 아주 빨리 일어난다. 화를 가라앉히고 감정을 추스리려면 '시간'부터 확보해야 한다.

화를 다스리는 3단계

· · ·

분노 지각하기,
찬물 붓기,
타협하기

감정 주도 행동에 휩싸이게 되면 후회할 행동을 할 확률이 높다. 대부분의 양육자가 후회하는 행동, 즉 짜증, 윽박지르기 등은 모두 감정 주도 행동이다.

따라서 화가 나는 상황에서는 적절하게 화를 낼 필요가 있다. 화가 나는 것과 화를 내는 것은 다르다. '화가 난다'는 문장의 주어는 '화'이다. 화가 나는 것은 정상적인 경험이다. 잘못이 아니다. 누구나 살면서 화가 날 수 있다.

하지만 '화를 낸다'는 문장의 주어는 생략되어 있는 '나'이다. 내가 화를 내는 것이다. 화가 나는 것은 막을 수 없지만 화를 내는 것은 막을 수도 있다는 뜻이며, 심지어 화를 현명하게 낼 수도 있음을 암시한다.

화도 감정이기 때문에 적절한 표현이 중요하다. 화가 나는 것이 감정을 경험하고 알아차리는 것까지의 과정이라면, 화를 내는 것은 이를 표출하는 단계라고 볼 수 있다. 화가 나면 화를 내야 풀릴 것 같지만, 화를 내고 난 후에도 감정은 쉽게 수그러들지도 않는다. 화가 나면 화를 내는 자동적인 과정에 브레이크를 거는 방법은 다음과 같다.

1단계: 초기 단계에서 분노 알아차리기

가장 먼저 연습해야 할 것은 '알아차림'이다. 감정 주도 행동으로 어떤 충동이 올라오고 있는지 한발 물러서 스스로 관찰해야 한다. 아이에게 소리 지르고 싶거나, 짜증을 내고 싶거나, 때리고 싶은 충동이 든다면, 이것은 화가 났다는 신호이다.

이 장면에서 감정 주도 행동을 하게 되면 화는 순간적으로 더 증폭되고 꽤 오랜 시간 동안 유지된다. 그리고 자신이 사랑하는 자녀에게 화를 냈다는 사실로 또 괴로워하게 될 가능성이 크다. 그러면 우리는 곧 슬픔과 우울로 빠져들게 될 것이다. 아이에게 잘못된 영향을 끼쳤을까 봐 불안해지기도 할 것이다. 처음에는 화로 시작했던 감정이 우울, 불안, 슬픔, 죄책감, 자책 등의 다양한 부정적 감정을 연쇄적으로 일으킨다.

화라는 감정은 다양한 교감신경계 각성 증상과 관련이

있다. 심장이 빨리 뛰고 온몸의 근육이 긴장되는 것이 느껴진다. 얼굴이 붉어지거나 열감이 느껴질 수도 있다. 이런 신체 반응에 더해 소리를 지르고 싶거나 욕을 하고 싶거나 때리거나 밀치고 싶은 강한 충동이 더해지는 것이다.

초기 단계에서 분노를 지각하면 할수록 그 이후 다른 행동을 할 수 있는 가능성이 커진다. 모든 정서적 개입의 시작은 '알아차림'이다.

2단계: 찬물 붓기

다음으로 할 수 있는 것은 '찬물 붓기'이다. 실제로 본인에게 찬물을 부으라는 것은 아니다. (하지만 실제로 찬물로 세수하는 것도 효과가 있습니다.) 국수를 삶다 보면 물이 끓어 넘칠 때가 있다. 이때 찬물을 한 컵 정도 부어 주면 거품이 끓어 넘치는 것을 막을뿐더러 국수가 훨씬 더 쫄깃하고 맛있어진다. 끓어 넘치는 냄비에 물 한 컵을 붓는 것과 마찬가지로, 분노가 일어나 공격이라는 감정 주도 행동을 하기 전에 나에게 심리적인 찬물을 한 컵 부을 필요가 있다.

방법은 간단하다. 그 자리를 일단 뜨는 것이다. 가스레인지 불을 확 줄이는 것과도 비슷한 원리다. 열이 더 이상 전달되지 않으면 물은 끓지 않는다. 화가 났을 때 화를 일으킨 대상이 일단 눈에서 보이지 않는다면 화가 조금은 줄어든다. 적어도 터질 정도는 모면할 수 있다.

화가 난 상태에서는 일단 말하지 말자. 많은 경우 후회하게 될 말을 하게 된다. 설령 말의 내용은 그렇지 않더라도 소리를 지르거나 욕을 하는 등의 전달 방식이 문제가 될 수도 있다. 그러니 자신의 분노를 알아차리면 일단 아이에게서 떨어져서 화가 조금이라도 잦아들기를 기다려야 한다.

찬물을 붓는 데는 심호흡도 도움이 된다. 천천히 세 번만 크게 호흡해 보자. 약간 정신이 들 수도 있고, 화를 내는 것 이외의 다른 행동을 할 틈을 발견할 수도 있다. 필요하다면 열 번 정도까지 해 보자. 더 큰 틈이 생기는 것을 느낄 수 있을 것이다. 화가 났을 때는 작은 틈이라도 만드는 것이 중요하다.

3단계: 내가 원하는 것이 무엇인지를 생각하기

그다음으로는 내가 원하는 것이 무엇인지를 생각해야 한다. 동시에 지금 꼭 그것을 얻어야 하는지도 따져 보아야 한다. 이를 통해 '원하는 것을 얻을 것인지, 아니면 내려놓을 것인지'를 결정하자.

화는 언제 풀릴까? 우리가 원하는 것이 이루어지면 비로소 풀린다. 아이가 이를 닦지 않겠다고 떼를 쓰다가 아이가 이를 깨끗이 닦고 나면 우리의 화는 풀린다. 그렇지만 아이가 이를 잘 닦았으면 좋겠다는 마음을 내려놓아도 풀린다. 내가 원하는 것이 사라졌기 때문이다. 아이가 바쁜 아침 시간에 다른 옷을 입겠다고 떼를 써서 화가 났을 때, 화는 아이가 빨리 준비하고 나가도 풀리지만, '그냥 좀 늦지 뭐' 하고 빨리 나가고 싶은 마음을 내려놓아도 수그러든다.

내려놓는다는 것은 단순한 포기가 아니다. 하나의 선택지를 더 갖는 것과 관련이 있다. 물론 상대의 생각이나 행동을 바꿔서 내가 원하는 것을 얻는 것이 화가 가장 확실하게 풀리는 길일 것이다. 그렇지만 상대방을 바꾸는 것은 (그 상대방이 우리 아이라도) 너무 힘든 일이다. 원하는 것을 얻기 위해 계속 실랑이하고 분노를 유지할 것인지, 아니면 내가 원하는 것을 내려놓고 화를 떠나보낼 것인지 선택하는 일은 적극적인 과정이다. 원하는 것은 빨리 얻기 힘들다. 시간과 에너지가 소모된다. 그것을 감당하기 어려울 때는 조정하는 것도 도움이 된다.

만약 그래도 반드시 얻어야 한다면 난관을 감수하고 극복해야 한다. 그때는 화가 넘쳐흐르지 않게 알아차리고 적절하게 찬물을 붓는 것이 도움이 될 것이다. 그리고 원하는 것을 어느 정도까지 얻을 것인지를 판단해야 한다. 이를 아주 완벽하고 깨끗하게 닦일 것인지, 아니면 안 닦는 것보다는 나은 수준까지만 할 것인지를 선택할 수도 있다. 아이가 원하는 옷을 입히지만 혹시 모르니 상황에 맞는 옷을 챙겨가는 것도 방법이 될 수 있는 것이다.

중간 어딘가에서 타협하기를 권하고 싶다. 고장 난 보일러가 될 필요는 없다. 온수는 따뜻하면 된다. 아주 뜨겁거나 아주 차갑지만 않으면 된다.

아이를 키울 때도, 부부 사이에도, 그리고 세상 거의 모든 일에도

아이를 키우는 것은 자기 수양의 과정인 것 같다. 특히 분노 조절이 필요할 때가 많다. 원하는 것이 많지만, 번번이 좌절되기 때문이다.

- 화가 날 때는 말하지 말자.
- 잠시 자리를 피하자.
- 거리를 두고 심호흡을 하자.
- 지금 내가 원하는 것을 꼭 얻어야 하는지, 아니면 내려놓을 수 있는지를 판단하자.
- 내가 변하는 것이 제일 쉽다는 사실을 되새기자.

대부분의 화는 내가 내려놓으면 그 불길이 사그라든다. 아이를 키울 때도, 부부 사이에도, 그리고 세상 거의 모든 일에서도 그렇다.

끊어진 이성의 끈

· · ·

마지막 고비,
그 한 번을
참아 내는 힘

제주 한 달 살이 때 방문했던 함덕은 최고였다. 구름 한 점 없는 날씨, 비교적 잔잔한 바람, 한가한 카페, 모든 것이 완벽했다. 그날 구름 한 점 없는 하늘과 너무나도 완벽하게 잘 어울리는 바다를 앞에 두고, 맛없는 아이스 아메리카노를 마시면서 논문을 수정해야 했다는 사실만 빼고. 논문 수정을 마쳤을 때는 이미 어둑해지고 바람도 세차지기 시작해 근처 만춘서점을 구경하는 것으로 만족해야 했다.

다음번 제주를 방문했을 때, 날씨가 맑은 날을 택해 다시 함덕을 찾았다. 게다가 이번에는 2월, 서우봉에는 유채꽃이 만발했다. 필히 지난번의 복수(?)를 하리라 마음먹었다. 그러나 함덕은 역시 우리에게 쉽게 곁을 내주지 않았다. 날은 맑지만 겨울바람이 매서웠다. 게다가 함덕 해수욕장에 방문하기 전, 우리는 이미 세찬 바람을 맞으며 동백동산에 동백꽃을 보러 갔으나 동백꽃을 보지 못하였고, 지친 몸을 녹이기 위해 핫플레이스라는 카페에 찾아갔다가 '당분간 쉽니다'라는 안내문 앞에서 발길을 돌려야 했고, 함덕 해수욕장 근처에 있는 삭지만 예쁜 카페는 노키즈 존이었으며, '에이 이렇게 된 것 제일 유명한 바닷가 카페에 가자'라고 하여 호기롭게 나섰으나 이미 만석이었다. 점심도 먹지 못하고 지칠 대로 지친 상태였다.

그래도 몸을 녹일 새로운 카페를 검색하려는 도중, 마침 오드랑 베이커리를 지나게 되었다. 빵순이인 아내는 "잠깐만, 내려서 빵 사 갖고 올게"라고 말하고 얼른 차에서 내렸다. 마침 아이도 설핏 잠이 들었고, 주변에 주차 공간이 없는지라 나는 "아이랑 한 바퀴 돌고 있을게, 전화해"라는 말을 남기고 차를 몰기 시작했다. 그런데 아뿔싸. 아내가 차 문 닫는 소리에 아이가 깼다. "나도 엄마랑 같이 빵집 갈래!"

여러 번 말했지만, 잠에서 깬 우리 아이는 늘 기분이 좋지 않은 편이다. 목소리가 벌써 앙칼졌다. "엄마 금방 올 거야. 조금만 기다리자." 내가 부드러운 목소리로 달래 보지만, 통하지 않는다. "싫어. 나도 갈 거야! 나도 빵집 갈래!" 벌써 아이는 울기 시작한다. "여기는 차 델 곳도 없고 우리는 움직여야 해. 엄마 금방 올 테니까 아빠하고 기다리고 있자." "싫어! 나도 빵집 갈 거야!" 포효하기 시작한다. 이미 소리 지르고 난리가 시작됐다.

끊어진 이성의 끈

이럴 때 교과서는 길게 얘기하지 말라 가르친다. 안 되는 이유를 짧게 알려주고, 아이의 마음을 읽어 주라 한다. "우리 아이가 빵집에 가고 싶은데 못 가서 속상하구나. 그래도 지금은 가기 어려워. 조금만 기다리자." 차분히 얘기해 주고 좀 넓은 공터로 와서 차를 정차한다. "싫어! 다시 저기로 가! 나 엄마한테 갈 거야!" 계속 울부짖는다. 아내에게 전화해서 엄마 목소리라도 들려주려 했다. "엄마야~ 곧 갈게~" "싫어! 나 빵집 갈 거야. 나 데리고 다시 가!"

진정할 기미는 보이지 않는다. 지금부터는 어떤 말을 하든지 아이에게는 통하지 않는다. 그냥 가만히 무시하는 것이 정답이다. 아이의 울음소리는 견디기 힘들지만, 애써 못 들은 척하고 아내를 기다린다. (이 글을 쓰는 지금 생각해 보니 차라리 차 밖에 있을 걸 그랬습니다.)

생각보다 아내는 빨리 차로 돌아왔다. 그렇지만 아이는 쉽게 울음을 그치지 않았다. 아내를 기다리는 동안 검색해 놓은 한적해 보이는 카페에서 쉬기로 하고 차를 몰았다. 아내는 "애가 쉽게 그치지 않네. 힘들었겠다"라며 나를 위로하지만, 뒤에서 아이의 울부짖는 소리 때문에 아내의 위로도 잘 들리지 않았다. 순간 머릿속에서는 아이에게 그만하라고 소리치는 내 모습이 떠오른다. 그래도 떠올리기만 할 뿐 행동으로 옮기지는 않았다. 조금만 더 버티면 아이의 울음은 잦아들 것이니까. 조금만 더 참으면 된다. 조금만.

함덕의 예쁜 바다 풍경은 눈에 들어오지도 않았다. 서둘러 카페를 가려고 우회전으로 도로에 합류했다. 아이는 여전히, 아니 더 큰 소리로 울며 떼를 쓴다. 순간, 우회전과 함께 이성의 끈이 끊어졌다.

후회는 중지를 알리는 좋은 신호

"야! 그만 좀 울어! 그만하라고!" 결국 무시무시하게 큰 소리로 아이에게 악을 쓰고 말았다. 악순환의 버튼이 눌린 것이다. 이미 머릿속에서는 급브레이크를 밟아서 아이를 놀라게 하는 모습이 떠오르고 그렇게 행동으로 옮기고 싶은 욕구도 커진다. 욕을 하고 싶고, 소리를 지르고 싶다. 제발 그만하라고 아이를 쥐고 흔들고 싶었다. 다행히 그렇게는 하지 않았다. 소리만 질렀다.

멈추어 주면 좋으련만, 아이는 더 크게 울고 소리친다. "아빠, 왜 나한테 소리 질러! 소리 지르지 마!" 만 3세 아이치고는 훌륭한 대꾸이다. "조용히 좀 하라고! 그만 울어!" 나는 또 소리쳤다. 이미 소리치는 순간 '아, 좀 더 참았어야 했는데. 그냥 지나쳤어야 했는데'라는 후회가 시작됐다. 후회는 좋은 신호이다. 지금 하고 있는 행동을 당장 그만두라는 소리니까.

아이는 더 울지만, 나는 더 소리치지 않고 조용히, 가능한 차분히 운전해서 카페 앞에 주차했다. 아이는 여전히 울지만 혹시 여기도 노키즈 존이 아닌가 하여 서둘러 내려 사장님께 확인한다. 다행히 노키즈 존도 아니고, 우리 가족만 쓸 수 있는 작은 공간이 있었다.

아내와 아이를 한적한 곳으로 안내하고 주문을 하러 갔다. 커피와 케이크를 받아 들고 아내와 아이가 있는 방으로 들어가니 약간 진정된 아이가 내게 말한다. "아빠, 미워! 오지 마!" 이제 이 정도는 타격이 되지 않는다. "싫은데?"라고 유치하게 받아치며 자리에 앉고 잠시 서로 노려본다.

그 사이에 아내가 아이에게 말한 듯하다. "네가 잘못한 게 맞으니까 아빠한테 사과해!" 아이는 쉽사리 사과하지 않는다. 이 장면에서 교과서는 또 말한다. 중요한 것은 아이의 감정이 풀리는 것이지 사과를 받아내는 것이 아니라고. 그래서 아내에게 "지금 아이에게 사과를 받을 필요는 없어"라고 말했다. 그리고 커피를 한 모금 마시면서 나도 진정되기를 기다렸다.

정말 별일 아닌 일일 수 있었는데

어쩌면 이 일도 별일 아니다. 아이는 만 3세에 맞게 떼를 쓴 것이고, 나는 마흔세 살에 맞지 않게 성질을 낸 것이다. 물론 그 상황은 쉽지 않았다. 그렇지만 딱 한 번만 더 견 뎠다면 이 일도 '오! 오늘도 잘했어. 잘 대응했어!'로 끝맺을 수 있는 사건이었다.

나의 실수를 아이에게 고백했다. 다행히 아이는 이미 케이크 한 조각을 먹으며 유튜브를 보고 있다. 기분이 많이 나아졌나. "아빠가 아까 소리 질러서 미안해. 네가 너무 소리를 질러서 화가 났었어. 다음에는 아빠가 소리 지르지 않을게."

아이들은 쿨하다. "응. 그래, 아빠. 다시는 소리 지르지 마"라고 답하고 사과를 받아준다. 그러고는 엄마한테 얘기한다. "거 봐, 엄마. 아빠가 잘못했다고 그랬지?" 아마도 아이는 누구의 잘못인지를 주제로 엄마와 토론을 벌인 듯했다.

화는 문제가 해결돼야 풀린다

잊지 말아야 할 것 중에 하나는, 화를 견딜 때 받는 스트레스보다 화를 내고 생기는 피해가 더 크고 깊다는 점이다.

아이와의 관계에서 화를 그래도 한 번 참을 수 있게 해주는 방법은 아이의 나이를 생각하는 것이다. 나와의 나이 차이를 계산하며 현실을 자각하는 것도 도움이 된다.

화는 화를 내야 풀리는 것이 아니다. 화는 문제가 해결돼야 풀린다. 학생들에게 가르친 것을 오늘 나는 또 복습했다. 오늘 사건의 교훈은 다음과 같다.

아이가 그치기를 그냥 기다릴 것.

소리를 질러 아이를 그치게 하는 것은 어렵다는 것.

함덕은 너무나도 아름답고 좋아하는 곳이지만, 호락호락하지 않았다. 다음에 함덕에 갈 때는 꼭 날이 좋은 날, 최상의 컨디션으로 갈 수 있기를. 그때는 우리 아이도 조금 더 자라 있을 테니, 오드랑 베이커리에서 내게 그러지 않기를. 설사 그렇게 한다 하더라도 그때의 나는 지금의 나와는 달리 행동할 수 있기를.

주도성을 키우는 놀이 방법

· · ·

아이와의
놀이에도
마음챙김을

　　　　　　　　교수는 생각 외로 바쁜 직업이
다. 강의를 준비하고 강의를 하는 것, 중간 기말고사를 채점
하고 보고서를 읽는 것과 같은 가르치는 사람으로서의 업
무와 더불어, 연구자다 보니 관심 분야에 대한 연구도 게을
리 해서는 안 된다. 관심 분야의 새로운 논문과 자료를 읽고
아이디어를 얻는다. 대학원 제자들을 지도하고 함께 논문을
작성한다. 다른 연구팀들과 함께 공동으로 연구하기도 한
다. 학교 직원으로서 행정적인 업무도 있고, 학회에 소속되
어 있다면 학회 일도 해야 한다.

　친구들은 가끔 방학이면 노는 것 아니냐고 얘기하기도
한다. 하지만 방학이더라도 강의만 없을 뿐 다른 일은 모두
그대로다. 오히려 방학 때는 그동안 밀린 연구를 하느라 바

쁘다. 또한 연구비를 타 내기 위해 제안서 등을 쓰는 일도 주로 방학 때 한다. 이렇듯 이런저런 일에 치여 퇴근 후 늦게 집에 돌아오면 아이는 엄마와 이미 잠자리에 들었다. 아이와 놀 시간도, 눈 맞추고 얘기할 시간도 빠듯하다. 그렇게 자연스레 아이와 조금 멀어진다.

어떻게 하면 아이와의 관계가 좋아질 수 있을까?

아이와의 관계를 개선하는 데 마법은 없다. 그 무엇보다 시간이 필요하다. 마치 모래알을 하나씩 쌓아 성을 만드는 것과 같다. 정말 열심히 했다고 생각했는데도 전혀 진척이 보이지도 않는다. 게다가 조금이라도 잘못하면 순간 와르르 무너져 버린다. 처음부터 다시 시작해야 한다.

주 양육자의 경우에는 함께 있는 시간이 많기 때문에 잔소리를 많이 해도, 자주 혼내도, 때로는 싸워도 관계가 쉽게 허물어지지 않는다. 그런데 주 양육자가 아닌 경우에는 시간 부족을 메우기가 만만치 않다. 부모자녀 관계의 끈끈함은 함께 있는 절대적인 시간에 비례한다. 물론 그 시간이 즐겁고 행복해야 되는 것은 기본이다.

우리 집의 주 양육자는 아이 엄마이다. 아빠는 부양육자라고 할 수 있다. 내가 보기에는 아이를 더 자주 혼내는 것도 아내고, 아이와 자주 싸우는 것도 아내고, 아이의 요구를 더 많이 거절하는 것도 아내다. 나는 아이와 같이 있는 절대적인 시간이 그리 길지 않기 때문에 웬만하면 소리를 높이지 않고 중립적으로 얘기하려 노력하고, 큰 무리가 없는 한 아이의 요구를 들어주고, 아이와 더 자주 스킨십하려 한다.

그럼에도 불구하고 아이는 엄마 껌딱지인 시기를 보내고 있다. 아빠가 씻겨 준다고 해도 "엄마랑!"이라고 말하고, "아빠가 책 읽어 줄까?"라고 해도 "싫어! 엄마가!"라고 하며, "오늘은 아빠랑 자자" 해도 "싫어! 엄마랑!"이라 거절한다. 가끔은 속이 상해서 "아빠가 싫어?" 하고 물어보면, "아빠는 못하게 하는 게 많잖아!"라고 대꾸한다. 억울한 일이 아닐 수 없다. 아무리 생각해 보아도 내가 더 허용적인 것 같은데, 아이의 입장에서는 그렇지 않은가 보다. 정말 재밌는 것을 하고 있을 때 내가 그만하라며 막은 일이 아이 입장에서는 좀 더 많았던 듯하다.

즐거움은 주관적인 것

부양육자들이 아이와 더 친해지기 위해서는 결국 양보다는 질로 승부할 수밖에 없다. 많은 이들이 아이가 원하는 선물을 사 주거나 놀이공원을 같이 가거나 하는 것으로 관계를 개선하려고 한다. 그런데 이는 생각보다 효과가 없다.

아이를 키우는 분들이라면 다음과 같은 경험이 있을 것이다. 아이와 함께 가족 여행을 간다. 부모는 아이를 위해 시간을 쓴다고 생각하고 놀이동산도 가고, 해수욕도 하고,

캠핑에서 아이와 신나게 물고기도 잡는다. 그리고 돌아오는 차 안에서 묻는다. "뭐가 제일 재밌었어?" 그러면 아이는 대답한다. "유튜브로 동영상 본 거!" 대체 여행은 왜 갔는지 모르겠다. 그렇다고 아이가 부모와 함께 보냈던 그 시간이 좋지 않지는 않았을 것이다. 다만 '제일 좋았다'가 유튜브였던 것이다.

왜 이런 일이 벌어지는 것일까? 이는 즐거움이라는 것이 철저히 '주관적인 것'이기 때문이다. 부모가 생각할 때 '아이가 좋아할 것 같은 일'과 '아이가 경험한 정말로 즐거운 일'이 다른 것이다.

별로 마음에 들지 않았던 생일 선물과 비슷한 원리다. 주는 사람 입장에서는 좋아할 것이라 생각하고 선물했는데 받는 사람은 썩 좋아하지 않을 수 있는 것이다.

**놀아 줄 때는
아이가 하고 싶은 대로**

많은 부모들이 아이와 놀아 주기는 하지만, '부모가 하고 싶은 대로' 혹은 '부모가 더 낫다고 생각하는 방식'으로 놀아 주려 한다. 병원 놀이를 한다고 하면, 의사 선생님은 진료를 이렇게 해야 하고, 간호사 선생님은 주사를 이렇게 놔야 하고, 약국에서는 이렇게 말을 해야 하고…. 노는 것이 아니라 잔소리나 교육을 하는 것처럼 놀이를 대하는 경우가 허다하다.

그러나 이런 식으로 놀게 되면, 부모가 아이와 놀아 주는 것이 아니라, 아이가 부모와 놀아 주는 꼴이 되고 만다. 아이는 자기가 하고 싶은 대로 하기를 원하는데, 이를 부모가 막고 부모가 하고 싶은 대로 놀았기 때문이다.

아이 위주로 노는 방법은 생각보다 간단하다. 놀이의 주도권을 아이에게 넘기면 된다. 아이가 하자는 대로 하면 되는 것이다. "내가 티라노사우르스 할게, 아빠는 로보트 해"라고 하면 "그래" 하고 놀면 된다. 그리고 적당하게 어울리다가 아이가 원하는 결과(주로 자신이 하는 캐릭터가 이기는 결말)로 가면 된다. 중간에 "로보트는 티라노사우르스가 때리면 지는 거야. 티라노사우르스는 안 져"라고 하면 왜 나는 져야 하는지, 왜 저번에는 로보트가 이겼는데 이번에는 아닌지가 궁금하더라도 일단 따르면 된다.

아이가 놀이의 주도권을 갖게 되면, 만족감도 커지고 주도성도 함양하게 된다. 자기 마음대로 할 수 있는 것이 늘어나면 기분도 좋아진다. 그리고 이런 놀이는 부모 자녀 관계를 개선한다.

적절한 한계 내에서 주도성 키우기

특히 미취학 아이가 주도성을 갖는 경험을 꼭 해야 하는 이유가 있다. 심리사회적 발달 이론으로 유명한 에릭

에릭슨(Erik Erikson)은 사람들에게는 나이가 들면서 요구되는 과업이 있는데, 이 요구를 어떻게 해결하였느냐에 따라 삶이 달라진다고 했다. 에릭슨에 따르면 특히 만 3세에서 5세 사이의 아동은 '주도성'을 키워야 하는 시기다. 자기 스스로 어떤 행동을 준비하고, 계획하고, 실천하려는 욕구가 생긴다. 그래서 이 또래의 아동들이 그렇게 부모 말을 듣지 않고 자기가 입고 싶은 옷이나 신고 싶은 신발을 고집하는 것이다.

물론 이 과정에서 한계를 배우기도 한다. 놀이 등에서 지나치게 자기 마음대로 하려 하거나, 위험한 행동은 제재를 받기 때문이다. '해서는 안 되는 일'이 있다는 것을 알게 되면 아이들은 '죄책감'을 느끼기도 한다.

주도성과 죄책감은 이 시기에 발달되어야 하는 자아 특성이다. 주도성만 발달하거나 죄책감만 발달하는 것은 불가능할 뿐만 아니라 바람직하지도 않다. 아이들은 자기가 하고 싶은 대로 하지만, 적당한 좌절을 경험하면서 자기가 주도적으로 할 수 있는 일에는 한계가 있다는 것을 배워야 한다.

그렇지만 주도성이 좀 더 많은 것이 좋다. 즉 주도성과 죄책감 사이를 오가다 '그래도 내 뜻대로 할 수 있는 것들이 많다'고 생각해야 하는 것이 바람직하다. 이러한 과정을 잘 거치면 아이는 '처벌에 대한 두려움 없이 가치 있는 목표를 추구하려는 용기'를 습득하게 된다. 이를 에릭슨은 '목적

(purpose)'이라는 덕목으로 불렀다.

반면 이 시기를 잘 보내지 못하면 죄책감이 더 크게 쌓이게 된다. 아이는 스스로 무엇인가를 하는 것에 대해 불편함을 느끼고, 자기의 욕구가 받아들여질 수 없는 것이라고 생각하기에 이르기도 한다. 이런 경우, 이후 삶에 지속적으로 부정적인 영향을 미친다.

마음챙김 놀이

부모는 가능한 아이가 적절한 한계 내에서 주도성을 키울 수 있도록 도와야 한다. 아이의 주도성을 키우기 위한 가장 좋은 방법은 놀이이다. 그러나 부모와 아이가 함께 노는 것은 생각보다 쉽지 않다.

첫째, 아이가 원하는 노는 시간과 부모가 놀아 줄 수 있는 시간에는 차이가 난다. 부모는 충분히 놀아 주었다고 생각하는데, 아이는 그렇지 않은 경우가 많다. 그래서 온 힘을 다해 놀아 주다가 결국 기진맥진해서는 유튜브나 TV를 보게 하기도 한다. 부모도 살아야 하니까.

둘째, 때로는 아이와 함께 노는 것이 재미가 없다는 것이다. 재미가 없으면 억지로 놀게 된다. 부모가 건성으로 노는 것을 아이도 안다. 그러면 만족감이 떨어지게 된다. 시간은 시간대로 썼지만 아이와의 관계는 기대만큼 좋아지지 않을 수도 있다. 아이가 제대로 놀지 못했기 때문이다.

따라서 아이와 놀 때도 마음챙김이 필요하다. 지금 여기에서 아이와 함께하는 것에 오롯이 집중하는 것이다. 마음이 다른 곳으로 향한다면 이를 알아차리고 다시 놀이로 돌아온다. 마치 마음챙김 명상을 진행할 때, 생각이 다른 곳으로 흐르는 것을 알아차리는 순간, 다시 호흡으로 돌아오는 것과 비슷하다. 아이 위주로 놀이할 것을 정하기는 하지만, 협상을 해서 같이 즐거울 수 있는 놀이를 선택하는 것도 괜찮다. 물론 선택은 아이가 할 수 있도록 해야 하지만, 부모가 좀 더 재미를 느끼고 마음챙김하여 놀 수 있다면 그런 놀이를 하는 것이 서로에게 도움이 된다. 이도저도 안 되면 재미없음과 지루함, 내 시간을 포기하는 것을 기꺼이 경험하는 것도 좋은 방법이다. 아이랑 놀 수 있는 시간은 생각보다 많이 남지 않았다. 부모가 아이랑 놀고 싶어질 때는 아이가 우리랑 노는 것을 싫어할 수도 있다. 그래서 아이가 부모와 놀고 싶어 하는 그 시간은 소중하다. 아이와 지내는 시간이 중요한 가치라면, 이 과정에서 생길 수 있는 불편한 점들은 기꺼이 경험해야 할 필요가 있다. 적극적으로 수용하는 것이다.

육아의 많은 부분에 이런 마음챙김이 필요하다. 마음챙김은 정서 주도 행동에 대한 욕구를 알아차려 우리가 아이에게 후회할 짓을 하는 것을 줄여 주고, 아이와 행복한 시간을 보낼 수 있도록 도움을 준다. 뿐만 아니라 부모 자신을 돌보는 것에도 마음챙김은 도움이 된다. 부모 본인이 정신

적으로 건강하고 여유가 있어야 아이도 잘 돌볼 수 있는 것
이다. 현재 내게 일어나고 있는 일을 알아차리고 비판단적
으로 관찰하며 해야 할 일을 하는 것은 아이 돌봄에도 자기
돌봄에도 매우 중요하다.

"안 선생님, 편한 육아가 하고 싶어요!"

1. 어떤 감정이든지 경험하는 것은 문제가 없습니다. 다만 아이가 이를 적절하게 표현할 수 있도록 도와주세요.

2. 아이들도 정서 조절하는 방법을 배워야 합니다. 아이가 스스로 자신의 감정을 조절할 수 있는 충분한 시간을 주세요.

3. 아이에 대한 걱정이 화로 변질되는 순간을 조심하세요. 아이의 태도를 고치는 데에는 꾸준한 관심과 노력이 필요합니다.

4. 아이에게 심하게 화를 냈다면, 스스로 나쁜 부모라고 비난하기 보다 그 감정을 이해해 보려 노력하고, 없애려 하지 말고 그대로 받아들여 보세요. 마음 공간 만들기 연습을 통해 화가 그냥 있다 가 흘러가도록 놓아두는 것도 도움이 됩니다.

5. 양육 과정에서 소리를 지르거나 때리고 싶은 욕구가 드는 것은 당연한 증상입니다. 그러나 화가 난다고 반드시 화를 '낼' 필요 는 없습니다. 자신의 분노를 알아차리고, 잠깐 멈춰 서 자신에게 시간을 준 다음, 자신이 원하는 것이 무엇인지 생각하고 이를 시 행하세요.

6. 양육 과정에서 아이에게 과도한 행동을 할 수 있습니다. 그렇다

면 진지하고 담백하게 사과하세요. 사과는 관계 회복을 가능하게 합니다.

7. 아이와 놀아 줄 때는 아이가 주도할 수 있게 해 주세요. 그리고 그 시간을 마음챙김하며 보내세요. 그럼 그 시간이 좀 더 행복해집니다.

우리 아이는 만 4세가 넘으면서 이제 제법 자신이 좋아하는 만화 주제가를 정확히 외우고 따라 부를 수 있게 되었다. 그리고 의외로 아이가 좋아하는 만화 주제가들은 록 음악을 기반으로 한 것이 많아서 같이 흥얼거리고 부르는 게 꽤 재미있다.

어느 날인가 아이가 자기가 좋아하는 만화 주제가를 듣고 싶다고 해서 같이 들으면서 고래고래 집이 떠나가라 함께 노래를 부른 적이 있다. 아이는 장난감 캔 깡통을 마이크인 양 잡고 노래를 부르다가 자신의 뽀로로 기타를 들고 멋진 기타리스트가 되어 제자리에서 방방 뛰며 신나게 노래를 불렀다. 나도 대학교 때 이루지 못한 록 그룹에 대한 한을 풀기라도 하듯 노래 부르고, 에어 기타를 치고 아이와 함께 눈을 맞추며 공연했다. 많은 어린아이들이 그렇듯 이런 공연은 한두 번으로 끝나지 않는다. 아이들은 반복을 사랑하기 때문에 아이가 원하는 횟수만큼 충분히 같이 불렀다.

그리고 그날 밤, 드디어 "오늘은 아빠 좋아! 나 오늘 아빠랑 잘래!"를 듣고야 말았다. 참으로 감개무량하지 않을 수 없었다. (아쉽게도 같이 누운 지 5분 만에 결국 엄마를 부르면서 뛰쳐나갔습니다만.) 그리고 꽤 오랜 시간 동안 아이는 아빠와 신나게 노래 불렀던 그날이 좋았다고 말하며 자주 같이 공연을 하자고 얘기했다. 예전에는 감히 허락하지 않았던 뽀뽀나 포옹도 적극적으로 해 주었다.

많은 부모들이 아이를 키울 때 배우자와 연애하던 때가 생각난다고 하던데, 나는 아내와도 하지 않았던 밀당을 지금 아이와 하고 있다. 계속 당기기만 할 뿐이지만….

우린 이미 꽤 괜찮은 부모다

사실, 요즘 우리 아이는 말을 잘 듣는다. 이게 웬 배신자 같은 소리냐고 할 수 있겠지만 그렇다. 사실이다. 이 책 내 내 거짓을 얘기했다는 말은 아니다. 시간이 지나면서 좋아 졌다는 말이다. 아이의 전두엽은 차근차근 자라나고 있었던 것이다.

이 닦는 것이 뭐라고 그렇게 난리를 쳤었는데, 지금은 (여전히 싫어하긴 하지만) 아빠가 "이 닦으러 가자"라고 하면 순 순히 따른다. 나도 이전보다 요령이 늘어 아이 이를 살살 잘 닦이게 되었다. 아이가 하기 싫은 것도 어느 정도는 하면서 살아야 한다는 것을 알게 된 탓도 있을 것이다. 아침에 아무 리 가기 싫어도 어린이집에는 가야 한다는 것, 그러기 위해 서는 이도 닦고 세수도 하고 날씨에 맞는 옷도 입어야 한다 는 것, 시계를 어느 정도 볼 수 있게 된 이후로는 오늘 아침 마음껏 TV를 볼 수 있는 시간은 긴 바늘이 숫자 3까지 갈 때까지라는 것도 이해한다. 그리고 놀랍게도, 꽤나 잘 따른다. 그렇다. 육아의 괴로움이 결코 평생 가지는 않는다.

아이도 아이지만 부모로서 우리도 좀 더 성장하였다. 나는 아무리 심리학자라고 하더라도 아이에게 화를 낼 수 있고 과잉 반응을 할 수도 있다는 사실을 받아들였다. 아내는 아이의 특정 기질이 자신에게 더 힘들게 다가온다는 사실을 받아들였다. 우리는 내 컨디션이 좋지 않을 때 아이에게 더 쉽게 화를 낸다는 것을 알았다. 동시에 아이에게 화를 내고 말았다는 과도한 죄책감은 내려놓고, 다음에는 어떻게 하면 좀 더 현명하게 대처할 수 있는지를 고민하였다. 새내기 부모로서 자기 자신과 서로를 좀 더 이해해 주고 다독여 주기 시작했다.

아이에게 습관적으로 "안 돼!" 하는 것은 줄였다. 아이의 행동을 허용할지 말지를 결정하기 전에 잠깐 멈추어 생각했다. 그리고 아이의 행동으로 인한 뒤처리가 감내할 만한 수준이라면 들어주었다. 만약 아내와 나의 감내 수준이 차이가 있다면, 더 많이 감내할 수 있는 쪽이 뒤처리를 담당하였다. 그리고 뒤처리까지 잘 끝내야 아이와의 관계가 더욱 돈독해진다는 사실도 알게 되었다.

먹이고, 씻기고, 재우는 것은 아이의 기본적인 욕구를 충족시켜 주는 행위다. 그리고 아이는 이 행위를 자주 해주는 사람을 좋아한다. 아이와의 관계를 회복하는 것은 노는 것까지가 아니고, 그 이후에 일상까지 이어지는 것이었다. 어쩔 수 없이 아이와 마음 상하는 일이 생기면, 이를 풀기 위해 먼저 사과하는 것도 연습했다. 이 과정에서 아이가 어떤 면에서 마음이 상했는지 좀 더 알게 되었다. 이제 아내는, 아이한테는 그 누구보다 사과를 잘 한다고 자신 있게 말할 수 있게 되었다.

관심이 생기는 것은 공부하고 싶어지는 것이 직업병인지라 부모 교육에 대한 연구도 시작하였다. 이 책을 쓰면서는 '내가 말하는 것이 과연 옳은 것인가? 부모들에게 도움이 되는 것인가?'에 대한 불안이 컸다. 그러나 세상에는 나와 비슷한 생각을 하고 있는 심리학자들도 있다는 사실을 알게 되었고, 그들의 연구 논문으로 얘기한 "네 생각이 꽤나 그럴듯해"라는 지지에 힘을 얻어 이 책을 완성할 수 있었다.

사실 '아빠가 심리학자라 미안해'라는 제목은 나의 오만함에서 나온 것이기도 하다. 심리학자이고, 전공자이다 보니 어떻게 하면 되는지를 안다고 생각했다. 질풍노도의 시기에 부모를 힘들게 할 아이를 떠올리며 이렇게 자신했다.

"네가 어떤 행동을 하더라도 아빠는 너에 대해서 미리 알고 대처할 수 있어. 아빠는 심리학자니까 문제없이 너를 잘 키울 수 있어. 아빠가 심리학자라 미안해. 네가 어떻게든 아빠를 힘들게 하려고 해도 나는 괜찮을 거니까."

그런데 전혀 그렇지 않았다. 아이를 키우면서 깨닫게 되었다. 그리고 고백하게 되었다.

"아빠가 심리학자라 더 미안해. 더 잘해 주지 못하고,
더 잘 키우지 못해서 미안해."

몰라서 못하는 것보다 알고도 못하는 것이 더 힘들었다. 그렇지만 이는 내가 부족한 부모라서가 아니라 기술이 부족해서 생긴 것임을 알게 되었다. 기술은 연습하면 는다. 육아를 하면서 실수를 해도, 잘 못해도 괜찮다. 우리는 이미 그럭저럭 괜찮은 부모다.

아빠가 심리학자라 미안해

안정광 지음

초판 1쇄 발행일 2023년 10월 13일

발행 : 책사람집
디자인 : 오하라
제작 : 세걸음

ⓒ 안정광 2023

ISBN 979-11-978794-4-9 (03590)

책사람집

출판등록 : 2018년 2월 7일
(제 2018-000269호)
주소 : 서울시 마포구 토정로 53-13 3층
전화 : 070-5001-0881
이메일 :
bookpeoplehouse@naver.com
인스타그램 :
instagram.com/book.people.house/